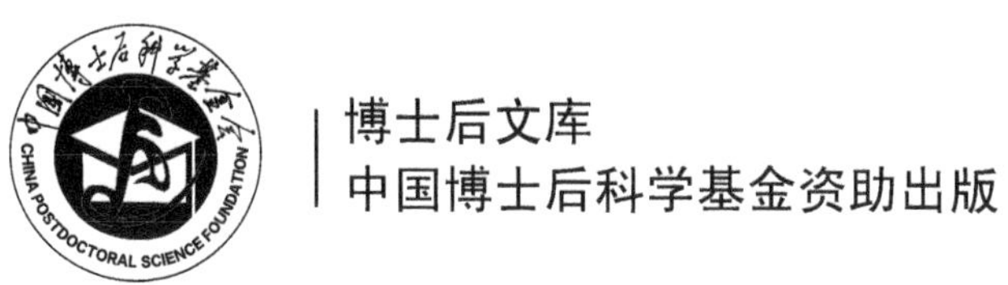

博士后文库
中国博士后科学基金资助出版

油茶林经营与土壤氮循环

张 令 著

科 学 出 版 社
北 京

内 容 简 介

本书基于我国大力发展油茶产业的战略需求，对油茶林经营及其影响下的土壤氮循环进行了论述。油茶生理特性及油茶林集约施肥等经营措施导致土壤环境变化，尤其是土壤酸化加剧。土壤酸化加剧将会影响土壤氮循环，增加土壤氧化亚氮排放，氧化亚氮排放增加将严重降低集约经营油茶产业的经济学和生态学效益。本书针对集约经营油茶产业中存在的土壤酸化和氮排放问题，提出了对应的改良和提质增效措施，以期为油茶产业的可持续、高效经营提供理论依据和实践指导。

本书可作为农学、林学、土壤学、生态学等领域科研工作者、博士和硕士研究生开展科研工作的参考书，也可以为油茶产业经营者开展工作及决策部门制定相关政策提供理论依据。

图书在版编目(CIP)数据

油茶林经营与土壤氮循环 / 张令著. —北京：科学出版社，2020.3

(博士后文库)

ISBN 978-7-03-064567-8

Ⅰ. ①油… Ⅱ. ①张… Ⅲ. ①油茶-人工林-森林经营-研究-中国 ②油茶-人工林-森林土-氮循环-研究-中国 Ⅳ. ①S759.3 ②X511

中国版本图书馆CIP数据核字(2020)第036632号

责任编辑：张会格 刘 晶 / 责任校对：王晓茜
责任印制：吴兆东 / 封面设计：刘新新

科 学 出 版 社 出版
北京东黄城根北街16号
邮政编码: 100717
http://www.sciencep.com
北京虎彩文化传播有限公司 印刷
科学出版社发行 各地新华书店经销
*
2020年3月第 一 版 开本：720 × 1000 1/16
2020年3月第一次印刷 印张：8 3/4
字数：174 000

定价：128.00元

(如有印装质量问题，我社负责调换)

《博士后文库》编委会名单

《博士后文库》序言

1985年，在李政道先生的倡议和邓小平同志的亲自关怀下，我国建立了博士后制度，同时设立了博士后科学基金。30多年来，在党和国家的高度重视下，在社会各方面的关心和支持下，博士后制度为我国培养了一大批青年高层次创新人才。在这一过程中，博士后科学基金发挥了不可替代的独特作用。

博士后科学基金是中国特色博士后制度的重要组成部分，专门用于资助博士后研究人员开展创新探索。博士后科学基金的资助，对正处于独立科研生涯起步阶段的博士后研究人员来说，适逢其时，有利于培养他们独立的科研人格、在选题方面的竞争意识以及负责的精神，是他们独立从事科研工作的“第一桶金”。尽管博士后科学基金资助金额不大，但对博士后青年创新人才的培养和激励作用不可估量。四两拨千斤，博士后科学基金有效地推动了博士后研究人员迅速成长为高水平的研究人才，“小基金发挥了大作用”。

在博士后科学基金的资助下，博士后研究人员的优秀学术成果不断涌现。2013年，为提高博士后科学基金的资助效益，中国博士后科学基金会联合科学出版社开展了博士后优秀学术专著出版资助工作，通过专家评审遴选出优秀的博士后学术著作，收入《博士后文库》，由博士后科学基金资助、科学出版社出版。我们希望借此打造专属于博士后学术创新的旗舰图书品牌，激励博士后研究人员潜心科研，扎实治学，提升博士后优秀学术成果的社会影响力。

2015年，国务院办公厅印发了《关于改革完善博士后制度的意见》（国办发〔2015〕87号），将“实施自然科学、人文社会科学优秀博士后论著出版支持计划”作为“十三五”期间博士后工作的重要内容和提升博士后研究人员培养质量的重要手段，这更加凸显了出版资助工作的意义。我相信，我们提供的这个出版资助平台将对博士后研究人员激发创新智慧、凝聚创新力量发挥独特的作用，促使博士后研究人员的创新成果更好地服务于创新驱动发展战略和创新型国家的建设。

祝愿广大博士后研究人员在博士后科学基金的资助下早日成长为栋梁之材，为实现中华民族伟大复兴的中国梦做出更大的贡献。

中国博士后科学基金会理事长

前　言

油茶是我国乃至世界重要的木本油料作物之一，与油棕、椰子和油橄榄并称为“四大木本油料作物”。油茶种子榨取的茶油是深受群众喜爱的优质食用油，其不饱和脂肪酸含量达90%以上，维生素E含量比橄榄油高一倍，而且胆固醇含量较低，色清味香，营养丰富，具有较高的食用价值，被誉为“东方橄榄油”。

油茶主要分布在低山丘陵区，其种植不影响常规耕地面积，且有利于提高植被覆盖率，保持水土，美化环境，提高国土资源利用率。充分利用宜林低山和丘陵，大力发展油茶产业，对提高油茶产区居民收入，提高丘陵绿化面积，促进人与自然和谐、可持续发展具有重要现实意义。

近年来，国家极为重视油茶产业发展，集约经营油茶产业发展迅猛。油茶林集约经营导致土壤酸化现象加剧，严重限制了油茶产业的可持续发展。本书基于前期工作，对油茶林经营及其影响下的土壤酸化、土壤氮循环等进行了探讨，重点论述了施肥、土壤酸化改良等集约经营措施及其影响下的油茶林土壤氮转化和氧化亚氮(N_2O)排放问题。

一方面，氧化亚氮作为一种重要的温室气体，其排放增加将影响大气组成，并通过温室效应影响全球气候变化，导致极端气候事件频发。由于酸性土壤是大气氧化亚氮的重要排放源，油茶林酸性土壤氧化亚氮排放和减排将直接影响大气组成。开展油茶林土壤氮循环和氧化亚氮减排研究，对提高施氮效率和缓解气候变化意义重大。

另一方面，油茶林土壤持续酸化将导致土壤养分有效性下降，严重影响油茶产业经济产出。油茶产业发展需重点关注土壤酸化及其导致的施氮效率下降问题，并提出行之有效的土壤改良策略。对此，本书重点阐述了油茶林土壤酸化原因及对应改良方案，以期通过土壤酸化改良，提高油茶林施氮水平，实现土壤氧化亚氮减排，提高油茶产业的经济学和生态学效益，保障其可持续发展。

本书提出关注油茶林集约经营对土壤生态环境的潜在影响，并提出油茶集约经营中土壤酸化的现状及其影响下土壤氮等物质循环过程的变化，以期为油茶林酸化土壤改良及集约经营提供理论指导，保障油茶产业的高效可持续经营，提高其经济学和生态学效益，保障国家食用油安全。

本书得到了博士研究生邓邦良、王书丽，硕士研究生方海富、张强、袁希、潘俊、马丽丽、高宇、王佰慧等同学的大力协助，在此对他们的帮助表示感谢！本书相关研究得到国家自然科学基金项目(41501317，41967017)、中国博士后基金面上项目（2017M612153）、江西省教育厅重点科研项目（GJJ160348）、江西省人力资源和社会保障厅博士后择优资助项目（2017KY18）、江西农业大学博士启动项目和博士后项目共同资助，深表谢意！本书中油茶经营、土壤酸化改良等方面的内容基于大量已发表成果，不能一一列出，在此一并致谢！

限于作者水平，书中不妥之处在所难免，敬请各位读者和同行专家批评指正。

张　令

2019 年 8 月

目　　录

第1章　油茶产业发展及管理现状

1.1　油茶及油茶林经营

1.1.1　油茶概况

油茶与茶、山茶花同科同属，是山茶科山茶属树种。山茶科最大的属为山茶属(彭邵锋, 2014)，属中有很多经济价值很高的物种(吴炜, 2014; 焦晋川等, 2010)。油茶是山茶属植物中最具有生产价值的油用物种。狭义上，油茶学名为 *Camellia oleifera* Abel.，即目前广泛种植的普通油茶。广义上，油茶通常指山茶属油脂含量较高且有栽培经济价值的南方特有的重要木本油料树种(何小燕, 2012)，是与油棕、油橄榄、椰子齐名的世界四大油源树种之一(吴炜, 2014)。目前全世界已发现的山茶属植物有20组280余种，而我国山茶属物种资源也特别丰富。

多年来，多个油茶主产省(自治区、直辖市)一直致力于山茶属基因资源的收集和保存。据调查，目前有湖南、江西、广西等省份建立了省级山茶属基因库，而其他省份和部分地区也建立了以栽培种为收集资源的基因库。这一系列的调查，都将为今后培育新品种，研究山茶属物种的品种分类、起源发生与演变(彭邵锋, 2008)，以及了解它们之间的生物学特性和遗传变化规律提供物质基础。

我国现有油茶栽培面积约450万 hm^2，全国年产茶油达60万t，产值超过1000亿元。茶油主要通过油茶种子榨取，是一种深受欢迎的高级食用油，也是世界公认质量最好的食用油之一，被称为“东方橄榄油”。据报道，茶油成分中有90%以上为不饱和脂肪酸(何小燕, 2012; 杨扬, 2011)，其他成分以油酸和亚油酸为主，而且富含多种天然酚类物质，抗氧化，耐储藏(罗凡等, 2011)。另外，茶油富含维生素A、E等组分，这两种维生素含量分别高达每百克5.11 mg和20.28 mg，长期食用对降低血清胆固醇具有重要功效，对常见心血管疾病也具有良好的预防和治疗作用(冯振华, 2012)。此外，茶油还能通过深加工生产日常用品，包括保健类食用油、高级化妆品、防晒用品等系列产品(何应会, 2010)。油茶生产过程中产生的副产品可以作为原料生产其他用品。例如，在化工领域，油茶壳可以用来生产活性炭，用于土壤改良、作为吸附剂净化空气等。茶枯和油茶壳均可以用来提取茶皂素等重要的化工原料。相关副产品的开发和利用对油茶产业经济效益的提高具有重要作用。

油茶树的寿命一般很长，从种子萌发到幼苗，经过一系列开花结实，直到自然衰老死亡为止，整个过程可达80～100年，甚至有的可达150年以上。油茶林主产区的植株年龄一般都在 60 年以上，对于一些经营管理好的油茶林，70 年以上老油茶树仍可以正常结实。在江西省宜春、九江等地均分布有大面积的油茶林，目前处于发展期，长势良好。

个体发育中，油茶经过萌发，逐步生长，之后结实，进入盛果期，然后衰老。油茶造林苗木分为无性繁殖苗(扦插苗、嫁接苗和组织培养苗)和有性繁殖苗(即种子繁殖，或称实生苗繁殖)两大类。

1. 无性繁殖

油茶无性繁殖是指利用母体的营养器官通过再生培养形成苗木的过程，包括扦插苗、嫁接苗和组织培养苗。该类繁殖树种生命周期一般需要经过幼树期、结实初期、盛产期和衰老更新期四个阶段，为了保证优质、稳产，经过一段时间的旺盛生长后，可通过积累足够的养分来促进开花结果，并延长树体的寿命。

(1) 幼树期，是指从定植时起，到第一次开花结果时为止所经历的时期，一般需要 3～4 年。在这一时期主要以营养生长为主，养分主要用于树体的生长，其特点是根系和地上部分生长迅速，树体离心生长旺盛，吸收面积和光合叶面积迅速变大，树体和根系的骨架逐渐形成。新梢数量大，且具有两次或多次生长特征，停止生长较晚。幼树期的长短与油茶的品种和立地条件有关，理想的立地条件和优势的品种可提前 1～2 年达到早实丰产(施晓云, 2013)。

(2) 结实初期，是指从第一次开花结果到大量开花结果之前所经历的时期，一般需要 3～4 年。这一时期的生长特点是营养生长占优势，树体根系和树冠不断扩大，树体的离心生长速度加快，枝条的分级次数也增多，叶面积不断扩大，光合和呼吸作用也不断增强，花芽容易形成，结实部位逐渐增多，油茶产量也逐年增加。

(3) 盛产期，是指从形成经济产量起，经过丰产、稳产，至产量出现明显下降时为止。这一时期是油茶经济效益最高的时期，也是油茶稳产、丰产和增进品质的时期。这一时期的特点是，根系和树冠扩大到最大程度，骨干枝离心速度减慢，生长逐渐停止，根系和枝条的生长也变慢，而且部分细枝和小根开始渐渐死亡更新，结果的一些枝条大量增加，产量达到峰值。在这一时期养分大量供给果实生长，主要管理任务是加强土壤管理和水肥供应，防止出现营养物质供应和分配不合理、营养物质消耗与积累失衡、代谢失调等问题，从而出现“大小年”现象。当然，油茶盛产期时间的长短与栽培的品种类型、立地条件和经营管理水平都有关。据统计，在一般情况下，普通油茶 8～10 年后即进入盛产期，可延续 50 年左右。

(4) 衰老更新期，是指从盛产后期，产量出现很大的波动直到几乎没有产量输出时为止。该时期的特点是，枝条先端细弱，生长量小，而且顶芽和侧芽很少萌发旺盛的新梢；骨干枝的先端生长减弱，有的甚至干枯死亡，结实部位不稳定；冠内出现徒长枝，发生强烈的向心更新，树体的营养成分严重不足或分配失调，致使结果枝出现大量枯萎死亡。此期的主要任务是充分利用徒长枝，重新培养新的结果枝，尽量维持产量，降低减产。

2. 有性繁殖

油茶有性繁殖是由胚珠受精产生的种子萌发而长成新的个体，其生命周期分为三个阶段：童期、成年期和衰退期。

(1) 童期，是指种子播种后从萌发开始，到具有第一次分化花芽和开花结实能力为止。这一阶段包括种子胚芽萌发期、幼苗生长期和幼树成长期，一般需要 5～6 年。这一时期的油茶树主要是营养生长。

(2) 成年期，是指油茶植株从具有稳定持续开花结实能力时起，到开始出现衰老特征为止。这一时期根据结实的状况可分为结果初期、结果盛期和产量更新期，该阶段一般为 60 年左右。

(3) 衰退期，大多数在树龄 60 年以后，树体生长减慢，体内的营养成分严重不足，结实率大幅度下降，树体明显开始衰退，最终树体死亡。

1.1.2 油茶林分类经营

油茶林分类经营就是根据各地油茶林的基本现状，综合分析各种因素(如立地条件、林分质量、生产潜力、现有产量及当地的社会经济条件等)，划分为不同类型，提出不同经营方针和经营策略，为高效经营油茶和大面积提高产量提供科学依据。由于油茶分布在我国境内 18 个省(自治区、直辖市)，各地的自然环境、社会经济条件、栽培利用情况、人们的经营管理习惯和水平都各不相同，油茶林的生长情况复杂，从而形成了各种各样的类型。所以，为了有针对性地开展油茶高效经营，对不同的油茶进行分类，根据不同的类型采取不同的经营策略很有必要。

分类经营需要根据我国油茶生长的实际情况，综合考虑分析自然环境条件和社会经济条件等因素，依据科学合理的分类指标，进行简便的分类，制订正确的经营方案，以取得良好的经营效果。

油茶林的立地条件除林地的光、温、水、气等自然条件外，其所处的坡度、坡向、坡位和海拔高度也会影响油茶生长和经营。此外，油茶林的土壤环境和形成土壤的岩石母质也是重要的立地条件(Schwärzel et al., 2009; 唐丽华, 2006)。林分质量影响因素主要有密度、郁闭度、品种、林相、林龄及品种类型等因素。

一般根据立地条件的不同和林分质量的差异制订油茶林分类经营策略。根据现有产量综合考虑林分的立地条件好坏和林分质量的优劣，将油茶林分为四大类。第 I 类油茶林产量高(每亩[①]产油 25 斤[②]以上)，立地条件最好，林相整齐，郁闭度

① 1 亩=1/15 hm^2

② 1 斤=0.5 kg

达到 0.7 以上，优良单株(每株产果 4 斤以上)高于 60%，老病劣株低于 15%。实行的经营策略是集约经营，继续加强水、土、肥管理和病虫防治，进行少量适当疏伐、修剪等。第Ⅱ类油茶林产量相对较高(每亩产油在 15～24 斤)，立地条件相对较好，林相较整齐，郁闭度在 0.6～0.7，优良单株(每株产果 4 斤以上)40%～60%，老病劣株在 15%～30%，实行的经营策略是适度经营，对油茶林进行清理，深挖垦复，稀林补植，密林适当疏伐，合理搭配施肥，防治病虫害等。第Ⅲ类油茶林产量一般(每亩产油 6～14 斤)，立地条件也一般，林相不太整齐或长期出现经营管理不善，郁闭度在 0.5～0.6，优良单株(每株产果 4 斤以上)20%～39%，老病劣株在 30%～50%，实行的经营策略是一般经营，对大面积的油茶林进行清理、垦复、稀疏林分进行补植等。第Ⅳ类油茶林产量低(每亩产油 5 斤以下)，立地条件差，林相不整齐，郁闭度在 0.5 以下，优良单株(每株产果 4 斤以上)在 20%以下，老病劣株高于 50%的，对该林分管理需要的资源量大，难度高。

1.2 我国油茶产业发展现状

我国油茶林从新中国成立以前至 20 世纪 50 年代基本处于半荒芜状态。新中国成立以后，在国家的倡导下大力发展粮油产业，油茶产业得到了发展，茶油产量逐年上涨。在油茶产业发展起步阶段，由于我国的经济受限，资源紧缺，科技水平低下，以及不合理的经营管理措施等，造成油茶造林分散，致使茶油产量低(Jia et al., 2015; 李娜, 2012)。到了六七十年代，受严重的自然灾害等因素影响，油茶产业出现了低谷，茶油产量下降。“文化大革命”时期，油茶林所剩无几，产量显著削减。“文化大革命”之后，在国家和政府的大力扶持下，开始建设油茶林基地，重点发展木本油料作物，不断抚育老油茶林，并大规模开展和建设新油茶林。在不断地努力下，油茶林面积得到了迅速恢复，产量得到了逐步回升。在这一阶段，土地归国家和集体所有，虽然种植面积有所增加，经营管理水平也有所改善，但是由于社会经济水平处于发展初期，相关产业技术无法满足油茶产业发展需求，无法大规模发展油茶产业，导致相关收益较低，发展较为缓慢。

20 世纪 80 年代以后，由于国家政策改变，农村实行“家庭承包责任制”，土地归个人所有，农民思想观念改变，在政府的大力扶持下，油茶新品种和栽培新技术被逐渐推广，茶油产量也在逐年增加，油茶林面积一度达到 6000 万亩。之后，由于一些客观因素，如市场经济的冲击和效益低下的影响，油茶产业发展速度再次下降。该时期一些立地条件相对差的油茶林被改造，种植了其他类型短期收益较好的经济林、用材林等，进而导致了油茶林面积的再次萎缩，严重影响了油茶产业的进一步发展。在相关政策扶持下，至 90 年代，油茶林获得了国家农业综合开发重点项目的支持。国家政策上的扶持，加上经济上的倾斜，使得一大部分油茶林得到了恢复，低产林得到了改造，油茶良种选育得到了切实发展，油茶生产有所回升，产量也基本稳定。这一时期，江西等地选育出了农家品种进行区域化试验，进行良种繁育。但是由于油茶产业规模偏小、加工技术落后等原因，油茶产业仍处于低水平徘徊的现状。

改革开放以来，我国油茶产量也曾出现波动，而 21 世纪以后，油茶产量开始保持稳定增长状态，尤其是国家发展和改革委员会、财政部、国家林业和草原局等部门联合颁发了《全国油茶产业发展规划(2009～2020 年)》(以下简称《规划》)。《规划》明确提出，我国要在 2020 年以前，完成新增油茶产业发展面积 2000 万亩以上，油茶产业年产值要达到 1120 亿元。同时，《规划》结合油茶产业发展适宜区，提出了产业发展的核心区，主要分布在亚热带红壤丘陵区。《规划》的颁布使得油茶产业得到了重点关注。2015 年，国务院办公厅提出了《国务院办公厅关于加快木本油料产业发展的意见》(国办发〔2014〕68 号)，提出了“建成 800 个油茶、核桃、油用牡丹等木本油料重点县，建立一批标准化、集约化、规模化、产业化示范基地，木本油料种植面积从现有的 1.2 亿亩发展到 2 亿亩，年产木本食用油 150 万 t 左右”的总体目标，极大地激发了油茶等木本油料产业的发展。

2019 年 5 月，由国家发展和改革委员会牵头，财政部、农业农村部、国家林业和草原局组成的国家促进油茶产业发展政策调研组考察了江西油茶产业发展工作。随后在南昌召开座谈会，围绕油茶产业发展中存在的生产、经营等现实问题展开了深入讨论，进一步巩固了油茶产业在保障我国食用油安全中的重要作用和地位。在相关政策关怀下，油茶产业发展将继续保持迅猛势头，在保障国家食用油安全、提高区域居民生活水平和经济收入等方面做出更大贡献。为了进一步促进油茶产业迅速、稳步、可持续发展，在油茶主产区开展低产油茶林的土壤地力提升改造、新品种的选育改造、林分结构的更新改造等，均为切实可行的有效办法。另外，需要加强油茶林新品种、新抚育方法、新管理策略及新管理模式等方面的宣传和推广，在一些经营发展相对较弱的地区，进行分时期规划布置，加强油茶林的改造。

1.3　油茶林经营与土壤养分管理

氮是植物体的重要组成部分，主要从土壤中获得(Dong et al., 2004)。研究初期，科学家认为植物吸收的养分主要来自空气中的氮，如果植物可以从空气中获得碳(按体积计算仅为 0.03%)，那么植物就可以很容易地从空气中获得氮。李比希(Justus von Liebig)在 19 世纪 40 年代提出了腐殖质理论，即植物从土壤的腐殖质中而不是从空气中获取氮，同时认为植物需要水、二氧化碳、氨和灰分作为养分来源，支持植物从空气中以铵态氮的形式获得氮的理论。

氮的缺乏将限制植物器官根、茎、叶、花和果实的生长（Hernández-Ruiz and Arnao, 2008; Dong et al., 2004）。缺乏氮的植物由于营养器官的生长受限而发育迟缓。通常情况下，植物缺氮，叶片呈淡绿色或黄色，叶片的绿色损失是均匀的。如果一株植物在整个生命周期中都缺乏营养，那么整个植株就会变得苍白、发育不良或细长。如果在生长周期中出现缺氮，氮将从老叶调动并转移到幼叶，导致老叶颜色变浅。严重缺氮时，老叶变成棕色脱落。但是直到 20 世纪 40 年代，农作物几乎不施氮肥，当浅绿色和烧灼感出现时，农民认为是土壤干旱造成的。有时在氮充足的条件下，叶片，尤其是较低的叶片，会向果实和种子提供氮，叶片上可能出现缺氮的症状。这些症状是在生长季节后期出现的，可能不是由于氮供应不足，而是氮素从老叶片转移到植物其他部位。

氮在自然界中的循环转化是生物圈内基本的物质循环之一（史锟等, 2014）。氮循环过程主要包括生物固氮作用、硝化作用、反硝化作用和氨化作用四个过程（祝孟玲, 2014），在微生物的作用下可完成这些过程。在氮循环的过程中，生物固氮作用是在多种细菌参与下完成的。该过程是利用固氮酶，并结合辅酶和其他酶（刘峰, 2017），将氮分子（N_2）三键打开后合成氨的过程（周金泉, 2015; 贺纪正和张丽梅, 2009）。硝化作用是在好氧的条件下完成的，一般可分成两个过程：氨氧化作用和亚硝酸盐氧化作用。氨氧化作用是由氨氧化细菌催化，将氨态氮氧化为亚硝态氮（NO_2^-）的过程。亚硝酸盐氧化作用是由亚硝酸盐氧化菌催化的，将亚硝态氮氧化为硝态氮（NO_3^-）的过程。其中，氨氧化过程是硝化作用的限速步骤，被称为亚硝化作用（Dong et al., 2018; 刘峰, 2017），同时也是全球氮循环的一个中心环节，会释放氧化亚氮（N_2O）。与硝化作用相比，反硝化作用一般是在厌氧的条件下完成的，厌氧微生物通过无氧呼吸完成的过程可以称为“完全的”或者“标准的”反硝化作用（邹雨坤, 2011）。反硝化作用还有一种情况是微生物在有氧的条件下将 NO_2^-转化为一氧化氮（NO）的过程，称为“不完全的”或者“非典型的”反硝化作用。氨化过程就是在呼吸作用和同化作用下把硝酸盐和亚硝酸盐还原成氨的过程。除了以上讲述的生物参与的过程，氮循环中还存在一些非生物的过程，如吸附作用、矿化作用，或者燃烧条件下 N_2 被氧化成 NO_3^-和 NO_2^-的过程等（Stewart, 1967）。

近年来，研究人员对油茶林地施肥方式、效应及养分状态等开展了大量研究。氮、磷、钾等养分是油茶生长发育的重要因子（张文元等, 2016），施肥可提高土壤氮、磷、钾水平，进而促进油茶生长，提高果实和产油量（朱丛飞等, 2017; 周裕新等, 2013）。氮肥是富含氮元素的肥料，为植物氮素的重要来源之一。氮肥在提高植物光合效率和作物产量、改善作物品质和营养价值方面意义重大。作为蛋白质的重要组成元素，氮肥可有效地提高作物蛋白质含量。油茶也类似，其种子形成不可缺少氮素的供应。对光合作用而言，氮素是叶绿素的成分之一，同时对多种酶活性具有重要影响(张雪梅, 2014)。另外，核蛋白及多种植物代谢产物中都含有氮元素。因而，氮素在植物营养生理中具有重要作用。作物成长阶段会吸收大量土壤氮素。氮素供应不足时，植株表现比较矮小，叶绿度下降。对农作物而言，可能会导致禾谷类作物分蘖减少，早衰或者早熟，导致减产(王晓君, 2017)。而氮素也不可过量，氮肥过量时，植株会过于繁茂，营养生长占优势，导致晚熟，妨碍生殖生长(段玉云等, 2008)，作物产量降低(李娟, 2008)，导致油茶类经济树种坐果率低，产量下降。油茶林经营中普遍使用的氮肥是尿素，尿素是有机态氮肥，经过土壤中的脲酶反应，水解成碳酸铵或碳酸氢铵后，才能被作物吸收利用。因此，尿素要在林木和农作物需肥期前 4～8 天施用，还要在深施后覆土。由于尿素需要经过分解方可被植物吸收利用，而其分解产物碳酸铵很不稳定，容易形成游离氨，导致挥发性损失，因而，尿素施用争取在早晨或者傍晚，或者阴雨天，一般不可在晴朗的中午。尿素属于氮肥，对提供氮素作用巨大，一般需要配施磷肥等，对提高肥效、保障施肥效果具有重要作用。氮肥对油茶的生长是极其重要的，氮的有效性与土壤及土壤类型和土壤微生物种群关系密切。

在土壤中，氮元素的生物化学循环是土壤物质循环中必不可少的组成部分，不仅影响土壤质量，还会影响森林和其他生态系统的生产力(刘峰, 2017)。氮转化过程中释放的 N_2O 是重要的温室气体，其浓度增加会增强温室效应，导致气温上升，进一步影响全球的环境变化，因而，N_2O 在全球环境变化中备受关注。土壤是大气 N_2O 的重要来源，而土壤中 N_2O 的排放特征存在较大的时空变异。油茶林施肥及其土壤酸化对 N_2O 排放的影响不可忽略。一般而言，土壤氮循环是微生物参与的矿化作用、硝化作用、反硝化作用，另外还有系列物理、化学等作用的综合过程(郭艳亮, 2017)，也是氮素形态的动态转变过程。对农林土壤生态系统而言，氮循环是物质循环的基础，并影响和控制其他物质或养分循环过程(林海蛟, 2014; Uselman et al., 1999)。因此，氮素在农林业土壤中的转化和去向已成为科学研究的焦点之一。

综上所述，油茶林是亚热带区域重要的经济林，是研究土壤氮循环及其反馈环境变化的理想对象。在当前全球气候变暖背景下，土壤碳、氮循环是社会的焦点问题。而土壤氮含量的高低是决定集约化经营油茶林生产力和稳定性及茶油产量和质量的主要因素，研究油茶林地土壤氮循环及其微生物调节机制，对评估油茶林土壤 N_2O 的排放速率和减排潜力意义重大。油茶是亚热带地区重要的经济林资源，而集约化经营油茶生产体系中氮肥效应、土壤中氮循环及 N_2O 排放速率尚无观测数据。以油茶林为研究对象，探讨集约经营下油茶林土壤氮循环具有重要的现实需求。

除氮以外，磷是热带和亚热带地区关键养分限制因子之一。磷是构成生命系统的重要组分，生态系统森林结构的演变和功能的发挥与磷的迁移转化密切相关。与氮相比，磷循环具有一定的复杂性，在研究方法方面具有局限性，其研究深度和水平均较为滞后。磷在全球尺度上的周转时间很长，母岩的类型、组成等地球化学因素控制着磷供应的水平。矿物岩石缓慢的风化作用是天然森林中磷的主要来源。我国南方酸性土壤中常绿阔叶林生长发育时间较久远，林分年龄也较长，土壤溶液无机磷极易和一些金属离子及氢氧化物形成不溶性的化合物（贾斌凯，2017），导致磷成为植物生长的限制因子，这就减缓了磷生物化学循环过程，影响了该区域森林生产力的增加。因此，针对酸性红壤不同森林类型和树种磷素及磷肥效应开展研究具有重要意义。

作为植物生长需要的重要养分之一，磷也是植物生长不可或缺的重要养分，是限制植物生长发育的主要营养元素之一。对不同林地而言，由于空间变异性较大，土壤磷含量一般也有较大的差异，较低的磷含量很难满足植物生长的需求。我国油茶主要分布在长江流域以南的红壤区，其中，江西省是油茶的主产区。红壤可吸收固定磷元素，缺乏磷元素会给土壤带来很多问题。我国油茶林地土壤磷含量为 0.6～1.3 g/kg，而有效磷仅为 1.75～54.88 mg/kg，缺磷会降低油茶的出籽率，增加落果。同时，缺磷会导致油茶植株侧根的分化和伸长受到抑制。而施用的磷肥中只有很少部分可以被油茶吸收利用，绝大部分以化合态磷酸盐存在于土壤中。为提高我国油茶的产量，合理施磷肥对油茶增产具有重要作用。

在森林生态系统中，土壤中磷元素在短期内迁移、转化、吸收与利用是由植物和微生物共同控制的生物过程。一方面，土壤有效磷供应能力与根系的可利用磷相关，土壤微生物分解与影响此过程的土壤理化因素共同控制土壤有效磷的供给。土壤微生物磷通常占有机磷总量的 20%～30%，远高于土壤微生物碳和氮所占比例，且在微生物周转方面，微生物磷比无机磷更易被植物利用。土壤酸碱度（pH）也影响磷的化学形态及有效性。例如，南方酸性红壤 pH 较低，游离态的磷酸盐由于被表面吸附或被游离的铁（Fe）、铝（Al）离子所固定而失活，进而会导致其有效性降低（詹书侠等, 2009）。另一方面，不同树种对磷素需求不同，其遗传特性决定自身对磷的吸收和利用。一般情况下，土壤磷主要以 HPO_4^{2-}和 $H_2PO_4^-$形式被根系吸收。通常情况下，树木根系细胞中磷酸根离子浓度高于土壤溶液中的浓度时，其对磷的吸收过程就是主动吸收，该过程会随环境条件的变化而有所变化（Ohno et al., 2011）。在长期的进化过程中，根系对磷吸收不足会形成两类适应对策：一是提高自身磷利用效率，延长体内磷的滞留时间；二是增强对土壤磷的吸收能力，提高细胞体内磷含量。主要机制包括：调节根系分泌物的种类和数量，改变根形态结构，改变碳、氮新陈代谢及有机酸的分泌等，从而增强其活化土壤磷的能力。因而，树木根系一般可以通过一系列的生理生化过程、形态特征和生态学适应等方面的调节来提高自身对低磷环境的适应能力，从而提高磷素的利用效率。还可以通过调节树木生长速率、改变自身呼吸途径等其他代谢途径来提高自身对土壤磷素的吸收和利用能力。

油茶根系丛枝菌根的存在能显著促进氮、磷的吸收效率和油茶幼苗的生长，提高油茶抗旱能力，且丰富的解磷细菌能有效地促进油茶幼苗的生长。本团队相关研究人员多年从事油茶林地养分管理研究，在油茶林测土配方施肥方面积累了丰富的经验。油茶林施肥管理中，磷肥的滞后效应最明显，对油茶的生长和果实的产量影响大，而且磷素有效性与土壤环境、土壤类型和土壤微生物种群关系密切。

根和叶与树木生长发育关系最为密切，分别是树木地下和地上物质交换最频繁的器官。目前，关于叶养分回收及其生态学影响在全球尺度上的分布格局已有较多的研究。部分根际微生物(如 AM 真菌)可直接与根系共生，也可通过促进根冠的发育、根系生长及分枝来扩大根系表面积而增强植物养分吸收能力(如植物促生根际细菌)。还可通过根瘤菌及固氮微生物等的作用，活化养分，矿化有机物，加快养分的吸收利用。根际是土壤、根系、微生物及其环境相互作用的中心，是森林生态系统物质和能量交换最剧烈的区域，维系或主宰着陆地生态系统的生态功能(于兆国和张淑香, 2008; Ashour et al., 1980)。对根、叶属性的认识也有较多的不确定性，但其重要性毋庸置疑。在南方油茶生长发育阶段中，红壤养分限制因子磷的存在，使得磷的有效性显得尤为突出。特别是在磷肥驱动下，不同功能态磷在地上枝、叶和果与地下根器官之间的周转及关联机制研究还不够透彻。

综上所述，油茶林是亚热带区域重要的经济林和木本油料树种，高产、高效是其生产目标，是研究土壤养分效应及适应特定生境和反馈环境变化的理想对象。目前，江西省油茶林地大多数养分缺乏，氮、磷成为集约经营油茶林生产力稳定提高和质量提升的关键限制因子。然而，目前油茶林适应氮、磷限制环境的生理生态机制尚不明确。为了提高土壤氮、磷施肥效率，需要研究油茶林地土壤氮、磷素内循环过程及相关根际微生物调控机制，油茶叶、果养分回收机制，茶油品质，氮、磷效应等关键环节，从而阐明油茶林地上和地下氮、磷养分关联性，以及油茶林对氮、磷等养分吸收的效应和作用机制。根是油茶最重要的磷素捕获器官，是红壤生态系统中磷生物地球化学循环的主要交换库，而根际是油茶获取养分最为重要而尚待剖析的关键界面。凋落物磷的养分回收，特别是不同功能组分的回收效率是理解油茶适应和反馈土壤养分供应状况的有效工具。基于此，油茶根、叶不同功能态磷素的动态研究和油茶籽发育过程中磷素积累及品质变化的研究，立足于油茶产业发展的重大需求，将揭示土壤—微生物—根系—叶片—果实磷素转化吸收利用的内在关联及其影响机制，并将在成功探索磷素对油茶生长和果实发育及茶油品质的调控机制基础上，促进集约化经营油茶林施肥和养分管理水平的实质性提升。

油茶是江西省乃至南方地区重要的经济林资源，而集约化经营油茶生产体系中油茶林施肥效应和机制尚待深入研究。以油茶林为研究对象，开展集约化经营条件下油茶林地经营与土壤氮磷等养分循环机制研究，对有效提高施肥效率、提高农林施肥的经济学和生态学效益意义重大，可满足南方经济林产业发展建设的需求，促进区域经济发展。

第2章　油茶林经营

油茶是我国重要的木本油料树种，种植历史已有两千多年。1949年新中国成立之前，油茶林主要以粗放经营为主，油茶产业凋零，生产力低；1971年之后，加快了对油茶产业的发展，油茶林由粗放经营转向集约化经营(俞元春等, 2013)。集约化经营的方式主要体现在垦复、间作、修剪、施肥等方面。

2.1　油茶林经营现状与模式

2.1.1　油茶林经营现状

油茶为常绿小乔木或灌木，花白色，少数植株的花瓣有红色或红斑，花果具有较强的观赏性，是园林绿化常用树种。其根系发达，对丘陵及高山地带水土保持发挥着重要的作用。油茶结果繁多，是提炼食用油的重要来源之一(庄瑞林, 2008)。油茶是一种兼经济、生态、社会效益于一体的树种(肖端和巫县平, 2011)，广泛分布于我国长江流域及南方的18个省(自治区、直辖市)的低山丘陵地区，南方14个省(自治区、直辖市)有自然分布。据统计，我国油茶面积已达400多万公顷，其中以湖南、江西、广西三省份面积最大，占全国总面积的70%以上(庄瑞林, 2008)。自20世纪90年代至今，油茶已经上升为保障国家粮油安全、有效利用国土资源的国家战略层面，掀起了油茶发展的新高潮。目前我国的油茶种植现状如下。

(1)产业意识逐渐形成。当前我国成立了油茶种植示范点和油茶产业发展领导小组，对油茶产业进行规划，推动了油茶产业的快速发展。

(2)产业发展呈现规模化。企业的加入、高新科学技术的引进，促进了油茶产业向规模化的方向发展(李定妮, 2000)。

2.1.2　油茶林经营模式

我国的油茶经营有农户家庭经营、大户经营、合作社经营、企业经营及“公司+农户”五种经营模式(王玉霞, 2013)。

农户家庭经营模式是现阶段我国最普遍的油茶生产经营模式，农民利用承包的土地种植油茶，进行抚育管理，收获油茶果之后自行出售油茶籽或茶油，自负盈亏(冯纪福, 2010)。这种经营模式下，由于农户缺乏对科学技术的掌握，盲目地种植和管理，投入大量的成本，但油茶所获得的经济效益低下，农民的积极性不高。

大户经营模式是由比较了解油茶管理科学技术，并具有一定经济实力的农民通过承包他人一定规模的油茶林地而进行的一种经营方式。相对于农户家庭经营模式，该模式下所获得的油茶经济效益略高。

合作社经营模式是通过农民自愿、互助、平等的原则联合组建或以入股的形式所成立的专业合作组织，共享种植技术与管理技术，统一规划，统一生产和销售，所得盈利按协议或股份进行分配。

企业经营模式是由拥有一定经济实力的企业通过租赁农户或者集体的土地，进行种植和管理油茶。在科学技术的支撑下，建立起一条从油茶育苗、种植、抚育、加工到销售全环节的整个产业链(冯纪福, 2010)。农户可以通过租赁土地获得补偿。该模式在油茶的生产经营上更加专业化，拥有更专业的技术实力、更强的经济实力、及时获取市场信息的能力与抗风险能力。

“公司+农户”经营模式鼓励农民以地入股，与油茶企业共同经营。在企业经营过程中，农户也可以参与有偿的种植与管理过程(刘华铁, 2013)。所得盈利以农户的土地和工时计算，与公司分成。这种模式在一定程度上解决了企业、公司劳动力不足的问题。

2.2　油茶林经营措施

2.2.1　良种选育

通过选优和无性系测定，选出一批优良无性系并在生产上推广应用，但缺乏对优良品种的科学认定，油茶培育体系也不够完善(韩宁林, 2000)，农户“见苗就栽”，制约了油茶产业的发展。

2.2.2　栽培技术

在栽培技术上实行集约化经营，加强高产、稳产技术的研究。花果调控、平衡施肥技术已应用于油茶的种植管理方面，但在实际的生产应用中，呈现种植管理技术落后的现象。农户只重视油茶的种植面积，忽略了生长过程中的抚育措施，致使油茶产量低。

2.2.3　垦复

1. 垦复的作用

垦复一般是指对油茶成林进行的深挖、中耕、除草、除杂的过程，是提高油茶产量的一种重要措施。不垦复或垦复不及时，会造成油茶林地灌木与杂草丛生，灌木、杂草与油茶争夺养分和水分，并且油茶林通风不良，会导致滋生病虫害(胡小康等, 2014; 束庆龙, 2009)。通过垦复，可以清除油茶林内的杂草与灌木，使油茶林地通风透光，减少杂草灌木对养分与水分的竞争，促进有机质的分解，疏松土壤，使土壤能更好地蓄水保肥。冬季垦复可将在土壤中越冬的虫卵消灭，降低翌年病虫害发生率(束庆龙, 2009; 周政贤, 1963)。

垦复中耕与土壤含水量的研究表明：同一立地条件下，不同深度的土壤中含水量有差别，垦复和未垦复的土壤中含水量也不同(李振纪, 1978)。在旱季，0～30 cm 土层中的平均含水量在垦复的油茶地比未垦复的油茶地要高 1.10%；在雨季，0～30 cm 土层中的含水量在垦复的油茶地比未垦复的油茶地要高 1.80%。据湖南省林业科学研究所调查，在坡度比较大的情况下，垦复油茶地的保水效果更显著(李振纪, 1978)。对 28°坡面的测定结果表明，0～30 cm 土层中的平均含水量，经过垦复的油茶林地比未经垦复的要高 14.95%(李振纪, 1978)。在 7～8 月的干旱季节，正是油茶"长球长油"的时期，干旱会使油茶落花落果，垦复之后可以提高土壤蓄水的能力，给油茶供应充足的水分，提高油茶的产量(李振纪, 1978)。

2. 垦复的季节与方式

油茶的垦复一般在夏季和冬季进行，夏季浅锄，冬季深挖(欧克立等, 2010)。夏季的垦复主要是为了消灭杂草，增加土壤的蓄水能力与透气性，防止土壤干旱(黄从根, 2014)。油茶的主要产区(我国的亚热带地区)夏季的特点是高温干旱，并且会骤降暴雨。"七月挖金，八月挖银"指的就是夏季垦复对油茶生长的重要性(周寅杰, 2013)。七八月油茶果增大，油脂转化积累，但又花果同期，结果与开花都会消耗大量的水分与养分(Zhu et al., 2016a)，垦复之后，会切断土壤的毛细管，减少地表径流，可接纳更多的降水，提高土壤蓄水保水的能力，最大限度地满足油茶对水分的需求。经常垦复的油茶林地，油茶的吸收根系主要分布在距地表 20 cm 的土层中，浅锄的深度一般为 10 cm 左右，以免伤到油茶的根系；浅锄的同时进行施肥，可满足油茶对养分的需求。冬季的垦复是由油茶林本身的生物学特性决定的，油茶冬季处于休眠期，垦复不会对根系造成影响，开春之后又长出大量的新生根系，产量将成倍增加。如果年年进行冬季垦复，则会伤到根系，所以冬季的垦复一般是三年进行一次(殷恒亮, 2005)。

垦复根据不同的坡度，有全垦、阶梯式垦复、带垦、穴垦和壕沟抚育施肥(何振等, 2016)等方式。

1) 全垦

适用于地势平坦、坡度较小(15°)的荒山或林粮间种区，是对油茶林地从上而下进行全面翻挖。翻挖时环山水平而上，边挖边将泥土覆于杂草灌木上，做成土埂，埂高 17～20 cm，埂距 66 cm(李振纪, 1978)。如果是林粮间种，最好整成水平梯田。此外，还要根据地形变化，挖高填低，整成均匀的坡度。

2）阶梯式垦复

该方法适用于油茶株行距较整齐、地势较陡的荒山或林粮间种区。在全面垦复深挖的基础上，按油茶株行距，筑成里低外高、稍微倾斜的反向梯土或水平梯田，梯的宽度根据平坡宽、陡坡窄的原则设置，一般以 2.7～3.3 m、3.3～4.0 m、4～5 m 为宜（周厚德, 2000）。

3）带垦

该方法适用于油茶林相比较整齐，坡度较陡，缺乏劳动力的地区（李振纪, 1975）。从山的底部到顶部，横向水平挖一带，留一带，带的宽窄根据油茶的株行距而定，逐年更替垦复（陈勇, 2010）。

4）穴垦

该方法适合于油茶林密度较小或混生有其他林木的陡坡上。在全面除杂的基础上，围绕树冠进行深挖，大小一般由树冠的大小决定，挖起的杂草灌木翻入土内，泥土向树冠内堆积，加速腐烂（李振纪, 1975）。

5）壕沟抚育施肥

在油茶上下行距间，挖一条深、宽各 66 cm 的壕沟，将表土、心土分开堆放。挖好后，沟底填一层有机肥或油茶壳、杂草灌木等（同时拌磷肥），然后覆上 33～40 cm 厚的表土，稍压实。冬季，在沟内种上紫云英、油菜等，待春夏季节，将其砍倒翻埋（周厚德, 2000; 李振纪等, 1976）。经过冬种春埋，夏种秋翻，壕沟基本填平，土壤层层有肥，起到较彻底地改善土壤质地的作用（李振纪, 1975）。

2.2.4　间作

油茶的间作是指在油茶林地上间种其他作物，以增加经济效益，并且可以减少地表径流，提高陡坡的水土保持能力，改善田间小气候，改良土壤。间种的作物有绿肥、大豆、蔬菜、花生、中药材等。油茶间种相关研究结果表明，间种作物之后，土壤的各种养分含量都得到不同程度的增加，与不间种作物相比，土壤有机质含量提高 50%，全氮含量提高 15%，速效五氧化二磷和水解氮的含量都提高 0.15%。此外，间种的油茶叶片中，全氮、五氧化二磷、全糖、蔗糖的含量都要比不间种的叶片高，其中全氮的含量比不间种的叶片高 0.37%，磷素的含量比不间种的高 0.15%，全糖含量高 0.06%，蔗糖含量高 0.13%（李振纪, 1979）。

在间种不同作物的模式下，油茶幼林的树高、地径、冠幅、花芽数均存在显著性差异。树高方面，间种黄豆与间种花生、红薯、烟叶、不间种都存在显著性差异；间种花生与间种烟叶差异不显著；间种红薯与不间种差异不显著。地径方面，间种黄豆与间种花生、红薯、烟叶、不间种都存在显著性差异；间种红薯与不间种差异不显著；间种花生与间种烟叶差异不显著。冠幅方面，间种黄豆与间种花生、红薯、烟叶、不间种都存在显著性差异；间种花生与间种烟叶差异不显著。对单枝花芽数而言，间种黄豆与间种花生、红薯、烟叶、不间种都存在显著性差异；间种红薯与间种烟叶差异不显著；间种花生与不间种差异不显著。在五种间种模式下，以间种黄豆和花生效果最好(彭映赫等, 2016)。

油茶林地间作之后，作物大量的残根落叶会残留于土壤中，经过长时间的腐烂，增加了土壤有机质的含量，改善了土壤结构。土壤的孔隙度增大，通气性与透水性良好，可以促进好氧微生物的活动，也加速了凋落物的分解，是一种良性循环。分解会产生二氧化碳，而植物的光合作用却会吸收并固定二氧化碳，形成碳水化合物。

2.2.5　树体管理

1. 整形修剪

整形是根据树木的生物学特性及生长习性，通过人为的手段，构建较高的有效光合面积和产量负载，形成便于树体管理的树形骨架。修剪是将经济树木器官的一部分进行剪截或疏除，调节树木的生长势或者对树木进行更新复壮(闯绍娟, 2012)。整形修剪的目的是控制经济树木的体量，控制生长，促使经济树木多开花结实，使衰老的植株和枝条更新复壮，改善透光条件，提高抗逆能力，控制枝条的伸长方向。油茶的整形一般在幼年期前期进行，将整个树形通过整形修剪成合理的树形。幼年期的整形修剪只能是轻度修剪，尽量多留枝，促进新枝的萌发，扩大树冠。

整形修剪主要是依据树种和品种的生物学特性、树龄和树势、栽植密度和栽植方式、修剪反应、立地条件和栽培管理水平进行的。整形修剪之后的树形随枝而造、有形不死、无形不乱，树形比较灵活，主要有主干形、纺锤形、疏散分层形、自然开心形等。

修剪时期是指在年周期内修剪的时期，其大致分为生长期修剪和休眠期修剪两类(王二燕, 2012)。生长期修剪又被称为夏季修剪，可细分为春季修剪、夏季修剪、秋季修剪。

休眠期修剪(冬季修剪)是指在树木休眠期内所进行的修剪，一般是从秋冬季落叶结束到春季萌芽之前。冬季修剪的枝条中所携带的养分最少，因为树木在落叶休眠之前会将叶片储存的养分转移到多年生的枝条，将地上部分的养分转移到根系。因此，冬季修剪的最佳时期应在树木完全进入休眠期时进行。休眠期内的修剪方法主要有短截、疏剪、目伤。短截分为轻短剪、中短剪、重短剪、极重短剪、回缩。短截可增加油茶的新梢和枝叶量，减弱光照，促进营养生长，调节各类枝之间的平衡关系。疏剪是将新枝或幼芽从基部剪掉，可分为轻疏、中疏、重疏。疏除可以加强树冠内部的通风透光，使整体的枝条分布均匀合理，增加同化产物，使枝叶更加健壮。疏除的对象主要有内膛的密生枝、病生枝等。目伤(又称刻芽)是指用刀在一年生冬芽上方 0.5 cm 处刻伤皮层，深达木质部，促进下部芽的萌发，增加枝叶量。

2. 生长期修剪

1) 春季修剪

春季修剪是对冬季修剪不足的补充，修剪时间是在萌芽后至开花前，主要采取轻剪、环剥、疏枝、刻伤等措施。春季修剪由于树液已经流动，多年生枝条及根系储存的营养物质已经转移到新萌发的芽中，大量修剪会带走过多的营养物质，所以春季修剪量不宜过大，以免削弱树势。

2) 夏季修剪

夏季修剪对树体的营养生长抑制作用较大，可及时调节生长结果的平衡关系，促进花芽的形成和果实的生产。

3) 秋季修剪

秋季修剪是在新梢停止生长以后、进入休眠之前进行。在此时期内，营养物质开始向根系转移，适量的修剪之后，可以改善树膛内的光照条件，复壮树膛内的枝条，可使树体紧凑。

生长期的修剪方法主要有抹芽、摘心、剪梢、扭梢、捋枝、环剥、环割、倒贴皮、开张角度等。修剪时间对油茶果重及果实大小的影响研究表明，不同修剪时间的单果重、果径和单果粒籽数之间都有显著性差异，而果高和 500 g 鲜籽粒数之间无显著性差异(游剑滢, 2016)。

修剪可以提高油茶的单果重、果径、单果籽粒数，提高茶油品质与产量(罗健等，2014)。最好的修剪时间应在油茶的休眠期内进行，即对油茶进行冬季修剪。冬季树液流动缓慢，花芽尚未分化，伤口易愈合，此时修剪能增强春季新枝的生长，使主干尽量多萌发春梢，扩大树冠，多分化花芽，多开花结果。冬季修剪的单果重最高为 22.8 g，显著高于春季修剪和对照组(游剑滢, 2016)。冬季修剪的果径最大为 35.8 mm，显著高于春季修剪和对照组。单果籽粒数以冬季修剪最高，最高值为 5.6 粒，显著高于春季修剪和对照组，相比春季修剪提高 16.67%，比对照组高 33.33%，说明修剪对油茶单果籽粒数有显著影响。果高和 500 g 鲜籽粒数以冬季修剪的值最大，但各处理之间差异不显著(游剑滢, 2016)。

2.3　油茶林经营与施肥

林木营养管理的关键技术是林木营养诊断，是指判断养分亏缺及平衡状况，进而指导施肥(幸潇潇, 2011)。目前对油茶的营养诊断运用最广泛的是 DRIS (diagnosis and recommendation integrated system)养分诊断法(Bailey et al., 1997)。DRIS 养分诊断法可判断各元素比值的最佳平衡状态，林木元素比值的实测值与最适值越接近，说明元素之间越平衡(唐健等, 2015)。油茶生长必需的 16 种化学元素包含碳(C)、氢(H)、氧(O)、氮(N)、磷(P)、钾(K)、钙(Ca)、镁(Mg)、硫(S)、铁(Fe)、锰(Mn)、锌(Zn)、铜(Cu)、钼(Mo)、硼(B)、氯(Cl)。其中，碳、氢、氧可以从空气和水中获得，大多数元素以离子的形态存在于土壤中，被植物根系吸收利用。

2.3.1　油茶林经营与土壤养分

氮是植物体内有机化合物(核酸、蛋白质、酶、叶绿素)的重要组分。合理施氮能够增大叶面积，增加叶片厚度，促进新梢生长与花芽形成，提高油茶坐果率，也有利于树冠扩大和树干加粗生长，还可以改善油茶的品质，提高产量。缺氮会引起叶片发黄，叶小而薄，光合效率低下，降低产量。氮过量时，营养生长过旺，新梢不易木质化，抗逆性弱(张强等, 2018; 王丽凤, 2017; 李鹏程等, 2015)。

磷也是植物体内有机化合物(核酸、核蛋白、磷脂、植素、ATP)的重要组成部分，还参与多种生理代谢过程(碳水化合物代谢、氮素代谢、脂肪代谢)，可提高抗逆性(抗旱性、抗寒性)，使油茶保持高产(Lu et al., 2015)。缺磷时，硝态氮积累，蛋白质合成受阻，叶片有紫色斑块，新梢生长弱，花芽分化不良；磷过量时，易引起土壤中镁、铁、锌的缺乏(王彦玲, 2010; 张丽娜, 2008)。

钾是植物生长必需元素，能够维持细胞原生质所在的胶体系统正常运转和调节细胞液缓冲系统的平衡，还能够促进代谢过程，可以提高油茶的产量，改善茶油的品质，提高油茶的抗逆性，有“品质元素”和“抗逆元素”之称。缺钾时，叶绿素会被破坏，光合作用受到抑制，叶片皱缩，果实品质差，抗逆性弱；钾过量时，会影响氮元素与钙元素的吸收(张文元等, 2016; 胡冬南等, 2015; 游璐等, 2014; 李小梅等, 2013)。

钙在植物体内的功能主要是对生物膜的结构起到稳定作用，对细胞渗透调节起到重要作用，能够促进细胞的伸长，防止植物提前衰老，改善品质。缺钙时，幼叶呈浓绿色，尖端钩状，新叶枯死，根系短，根尖部分腐烂；钙过量时，在酸性土壤中会造成板结，在石灰性土壤中会与钾离子(K^+)和镁离子(Mg^{2+})产生拮抗作用，降低锰、铁、硼、锌等元素的有效性，影响油茶的产量与品质(罗媛, 2013;

简令成和王红, 2008)。

镁在植物体内的功能主要体现在光合作用、叶绿素与蛋白质的合成以及酶的活化等方面。幼树缺镁，易造成早期落叶；成年树缺镁，新梢基部叶片脉间失绿，果实不能正常成熟，品质差；镁过量时，会造成油茶树体内元素间的不平衡，如钙元素吸收不足、钾元素及锌元素缺乏等(徐畅和高明, 2007)。

硫参与蛋白质的合成，缺硫时，蛋白质的合成受到阻碍，叶绿素的含量也会降低，影响光合作用，进而影响油茶的产量(陈屏昭等, 2007)。

铁不是叶绿素的组分，但缺铁叶绿素不能形成，铁参与植物体内的氧化还原反应和呼吸作用(高一宁, 2013)。缺铁会造成嫩叶失绿，新梢生长受阻；严重缺铁会形成白化叶。

锰直接参与光合作用，可以调节酶的活性，并且可以促进种子的萌发和幼苗的生长。缺锰时，光合作用明显受到抑制，使叶片失绿或呈花叶；严重缺锰时，叶脉变褐色并坏死(杨育春, 2017)。锰过量时，会抑制铁的生理活性，表现为缺铁失绿症状(郭静, 2017)。

锌参与生长素的调控与光合作用中二氧化碳的水合作用，可以促进蛋白质代谢与生殖器官的发育，并且可以提高植物的抗逆性(叶彬彬, 2008)。缺锌时，叶片会形成簇状叶，叶绿素合成受到抑制，有缺绿斑点，叶片易黄化；锌过量时，会对磷产生固定作用。

钼是固氮酶和硝酸还原酶的组成成分，在氮素的代谢过程中发挥着重要的作用，并且参与植物体内的光合作用与呼吸作用。缺钼时叶片生长畸形，斑点散布整个叶片(白宝璋, 1987)。

铜能够参与一部分氮素代谢途径和氧化还原反应，促进生殖器官的生长和发育。缺铜时，幼叶萎蔫，出现白色叶斑，果实发育不正常。

硼在植物体内可以促进碳水化合物的运输和代谢及细胞伸长与分裂，促进植物生殖器官的发育。缺硼时，碳水化合物的运输和代谢受到抑制，影响分生组织的分化过程，花而不实，缺硼产生的酸类物质会毒害根和枝条顶端的分生组织(赵尊康, 2013；史永江, 2004)。

氯参与光合作用，并且通过渗透起作用来调节植物的水势。

油茶在生长过程中需要通过光合作用合成碳水化合物，并从土壤中获取各种养分，土壤养分含量将直接影响油茶的产量(胡冬南等, 2013)。油茶对氮和钾的需求量较大，对磷的需求量较小，但土壤能供应的氮、磷、钾的量普遍较低，尤其在亚热带地区，强烈的脱硅富铝化作用使得土壤中的营养元素遭到淋溶，有效磷的含量更低(Mariano et al., 2015)，要保持油茶高产、稳产，只有通过施肥才能补充油茶所需要的营养元素。对油茶施肥的研究从 20 世纪 60 年代开始，研究表明施肥对油茶“大小年”现象具有重要影响，施肥和灌溉对油茶的经济性状有影响，并且施肥能够提高油茶的产量(张国武, 2007)。近年来，平衡施肥和测土配方施肥的研究越来越广泛与深入。福建省三明市石壁镇油茶林紫色土土壤养分状况研究表明，氮、磷、钾是油茶林土壤养分的主要限制因子，钙、镁、锌、钼、硼等元素普遍缺乏，而硫、铁的含量较丰富(刘俊萍等, 2017)。

2.3.2 油茶林经营施肥类型

1. 无机肥料

无机肥料是某些矿物经机械加工或者通过化学工业合成的肥料，具有矿物盐类的性质，养分种类少，但含量高，肥效快，不含有机质，容易通过流失、挥发、淋洗等作用损失，也易被土壤固定。

1) 氮肥

我国目前多数作物施用的肥料效应以氮肥最高。我国主要的氮肥品种有液氨、氨水、硫酸铵、氯化铵、碳酸氢铵、硝酸铵、硝酸钠、硝酸钙、尿素、缓释氮肥等(高飞, 2016)。这些氮肥大致可划分为铵态氮肥、硝态氮肥和酰胺态氮肥三种。施入土壤之后的氮肥有三种去向：一部分被植物吸收利用，利用率一般为30%～50%；一部分残留于土壤中，占 25%～35%；一部分随着地表径流、气体排放或者土壤淋溶等损失，这部分可达 20%～60%。铵态氮肥中含有的 NH_4^+和硝态氮肥中含有的 NO_3^-易溶于水，是速效养分，可直接被植物吸收利用(巨晓棠等, 2002)。

2) 磷肥

根据所含磷素的溶解性，我国磷肥的种类可划分为三类：难溶性磷肥(磷矿粉)、水溶性磷肥(过磷酸钙、富过磷酸钙、重过磷酸钙)和弱酸性磷肥(钙镁磷肥、脱氟磷肥、钢渣磷肥、沉淀磷酸钙、偏磷酸钙)(钟传青, 2004)。磷肥的利用率比氮肥的利用率低，难溶性磷肥只溶于强酸，施入土壤之后不能被植物直接吸收利用，肥效缓慢，只有解磷能力强的植物才能吸收(刘文干, 2012; 张洪霞, 2011)。弱酸性磷肥难溶于水，能溶于弱酸，植物根系在呼吸过程中产生的碳酸或分泌的有机酸可以溶解一部分弱酸性磷肥，对植物产生一定的作用。水溶性磷肥能溶于水，肥料中所含的磷素养分以磷酸二氢盐的形式存在，继而解离为磷酸二氢根离子和相应的盐类，从而被植物吸收利用。但水溶性磷肥易受环境因素的影响而转化为植物难以吸收的形态，例如，酸性土壤有着强烈的脱硅富铁铝化作用，水溶性磷易与铁、铝结合为磷酸铁盐和磷酸铝盐，极易将磷固定(Yuan et al., 2013)。在石灰性土壤中，磷与钙离子结合，转化成磷酸钙盐，植物难以吸收利用(李丹等, 2014)。

3) 钾肥

目前我国广泛使用的工业钾肥有氯化钾、硫酸钾两种，施入土壤之后，解离

出 K^+和相应的阴离子。钾肥是速效肥料，可以被植物吸收利用。草木灰是植物体燃烧之后的残灰，是一种碱性肥料，其中富含钾元素。从肥料的角度来看，秸秆燃烧过程中，氢、氧、碳、氮元素以气态的形式散失，钾、磷、钙、镁、铁、硫、硅等元素残留在灰分中，其中以钾的含量最高，其次是磷、钙、镁和一些微量元素。

4) 微量元素肥料

微量元素是指在植物中的含量极低，但对植物的生长和发育不可缺少的一类化学元素(温延臣, 2016)。我国主要的微量元素肥料(微肥)有硼肥、锰肥、锌肥、钼肥、铁肥。“针对性、高效性、毒害性”是微量元素肥料的特点。对于微肥，“缺什么补什么”，要合理控制微肥的量，稍过量会引起植物中毒，也会通过植物进入人体，影响人类健康，进入土壤会造成环境污染(伊霞, 2009)。使用微肥时，在方法上应采取浸种、蘸根、叶面喷施等方法，以防止直接被土壤固定(杨光吉, 1992)。

2. 有机肥料

有机肥的种类主要有粪尿肥、堆肥、沤肥、沼气肥、农作物秸秆、泥土肥、厩肥、底肥(泥炭及腐殖酸类肥料)、绿肥、人类生活垃圾及生产的废弃物、废水等。有机肥料中有机质的含量多，养分种类全面，具有培肥改土的作用，但肥效缓慢(闫双堆等, 2006)。

3. 有机-无机混合肥

与无机肥或有机肥相比较，有机-无机复合肥的养分全面，其有效成分含量高，既可培肥改土，也可为植物提供多种速效养分。施复合肥还可减少施肥的次数，降低施肥成本，节省劳动力。

2.4　油茶林施肥方法

2.4.1　基于土壤背景值施肥

基于土壤背景值施肥的主要方法是平衡施肥。平衡施肥是指根据土壤供应肥力的特性、作物所需肥力的规律、所施肥料的效应和环境保护方面的要求，科学合理地确定大量元素与中微量元素的比例和用量，进而选取不同种类的肥料(无机肥、有机肥、生物肥、有机-无机复合肥等)，并采用科学的施肥技术和施肥方法。

最早提出对植物进行施肥的是德国著名科学家李比希，他提出“最小养分定律”、“矿质营养学说”、“报酬递减率”和“因子综合作用律”等用来指导施肥。他指出，腐殖质在植物出现以前不存在，而是在地球出现植物之后才存在的，因此，植物的初始养分直接来自于矿物质。当矿质养分被植物从土壤中逐渐吸收以满足自身的生长和发育需求时，土壤矿质养分含量会因此而逐渐下降，长此以往使土壤变得贫瘠化。为了保持土壤肥力，就必须把植物带走的养分归还给土壤，才能确保在农林业方面高产、稳产，并实现优质、高效的良性发展(黄凌云, 2013)，而肥料在此过程中起着非常重要的作用，通过施肥使养分归还，就能维持土壤养分平衡。养分归还学说对恢复和维持土壤肥力有积极意义，使得植物营养学以崭新的面貌出现在农业科学的领域之中。与此同时，植物的生长和发育需要大量且种类不同的养分，因此限制植物生长和发育的“短板效应”不是土壤中“绝对含量最小”的养分，而是土壤对植物需要而言出现的“相对含量最小”的养分。“短板效应”在一定范围内会随着这种养分的变化而发生相应的变化。因此，在施肥过程中，这种“相对含量最小”的养分往往是首先应考虑的对象。在我国，平衡施肥的推广，其实很大程度上就是“最小养分定律”的一种应用和体现(郭晓敏, 2003)。

20 世纪 60 年代，随着化学肥料，特别是氮肥的使用，使农林业产量不断提高。70 年代，很多缺磷地区土壤有效磷不足，磷肥与氮肥的配合使用大幅度地提高了产量。进入 80 年代，土壤供钾能力不足，中微量元素的缺乏也表现出来，影响果实的产量和品质。因此，只有通过科学且合理的平衡施肥，才能做到全面地调节和平衡土壤养分，才能有利于解决供需存在的矛盾，最终实现“用地”与“养地”的科学结合。

油茶林经营平衡施肥主要步骤如下。

1) 土壤测试

在种植之前，需要对土壤的理化性质进行测试，测试指标主要有土壤 pH、全氮、有效磷、速效钾、有机质及普遍缺乏的中微量元素。将土壤的 pH 调整到适宜范围，将土壤中的氮、磷、钾及中微量元素调整到合适的水平。

2) 配方施肥

根据土壤的供肥能力与植物的需肥规律，按比例配方施肥。

3) 植物样品测试

7～8 月采取新梢中部成熟叶片，带回实验室杀青、烘干，测试叶片中氮、磷、钾、钙、镁、铁、锰、硼、锌和铜的含量，一般 2～3 年进行一次。根据叶片营养适宜水平(标准值)及各营养元素的比例关系进行综合分析，判定原施肥方案是否合理，并做出相应调整(卢海芬, 2015; 钟文挺, 2010; 卢树昌和牟善积, 2001; 陶其骧, 1996)。

2.4.2　基于生育期施肥

油茶从种子萌发至衰老死亡，可划分为幼年期、壮年期和衰老期三个阶段(潘晓杰等, 2003)。在油茶的种植与抚育管理方面，根据不同阶段的特点制定相应的管理措施。油茶不同生育时期对氮、磷、钾的吸收规律如下。

1. 幼年期

油茶的幼年期是从种子萌发开始，到第一次开花结实，一般为5～6年。在幼年阶段的特征主要是进行营养生长，以形成完整的树体和庞大的根系，树冠由单轴分枝到合轴分枝，根系由直根系发展许多侧根。幼年期的油茶以营养生长为主，春季与夏季是油茶幼林营养生长最旺盛的时期，施肥应以氮肥和有机肥（有机肥中含有大量的微量元素）为主，配合磷肥和钾肥，促进春梢、夏梢、秋梢的生长。施肥量应该随油茶林龄的增大而增多。秋季以有机肥和磷肥、钾肥为主，促进秋梢木质化，保护油茶安全越冬。

施肥处理对油茶营养生长的研究表明：在施氮肥、钾肥处理下，树高、冠幅、根径的增长量都高于对照组（CK），且与对照组（CK）都有显著性差异（$P<0.05$）；在氮肥的处理下，树高、冠幅、根径的增长量最大，钾肥次之，而施磷肥与对照组的差异不显著（胡官保和蒋富强，2015）。所以，在幼年期，施氮肥可显著促进油茶的营养生长。

2. 壮年期

壮年期是指油茶林从开始开花结实到衰老之前的时期，这一时期的主要特征是营养生长和生殖生长都达到最旺盛的阶段，持续的时间比较长，可达到70～80年。油茶有“抱子怀胎”的特性，壮年期油茶林地要消耗大量的养分，单纯的间作与垦复不能满足油茶对养分的需求（翁国旺, 2017）。壮年期的油茶林在早春应多施氮肥和钾肥，以促进油茶抽梢、发叶、保果；夏季和秋季应施适量的氮肥和磷肥以促进花芽分化；冬季多施磷肥和钾肥，促进木质化，使油茶安全越冬。

3. 衰老期

衰老期是指油茶林生长势逐渐减弱，产量开始下降的一个时期。该时期的特点是枝条顶端停止生长，根的分级次数过多而多数较细弱，顶芽或侧芽不再发育成旺盛的新梢，骨干枝先端衰弱，甚至干枯死亡，结果部位不稳定，树冠内出现大量徒长枝，树体营养严重失调，致使结果枝大量死亡。对于衰老期的油茶林，要进行更新复壮，要将施肥与其他的抚育措施结合起来，施有机肥和氮肥可促进新梢的萌发，增强树势。

油茶林的施肥方法主要有撒施、沟施及叶面施肥。对于幼年期的油茶林，因为土壤养分较贫瘠，应多施有机肥和氮、磷、钾肥；对处于花芽形成分化及果实生长期的油茶林，消耗的养分较多，应多施氮、磷、钾肥。为了及时了解油茶养分的丰缺状况，应采取DRIS养分诊断法，结合土壤肥力状况，依据施肥原则，确定合理的施肥方案，做到科学合理施肥。

第3章　油茶生理生态学特征与土壤酸化

3.1　油茶生理学特征

3.1.1　生命周期

1. 油茶有性繁殖

油茶有性繁殖生命周期主要包含以下几个阶段。

1) 童期

油茶的童期是指种子播种后，从萌发开始到第一次具有分化花芽和开花结实的能力为止，包括胚芽期、幼苗期和幼年期。胚芽期还不能从外界吸收能量满足自身需求，所以在形态上的变化和发展是为过渡到光合作用建立基础。幼苗期已经过渡到能够独立生活，具备营养器官，子叶储存养分，幼叶进行光合作用；同时伴随着生长与休眠阶段的发生，此过程是植物幼苗生长阶段的必然现象。对幼年期进行良好的管理，保证了结实具有良好的骨架，所以要使树木有良好的树体，童期的培育非常重要。童期的油茶树主要进行营养生长，保证自身的发育，因此无法进行开花结实。

2) 成年期

油茶实生苗结束童期的营养生长阶段至具有稳定的开花结实能力起，到衰老特征开始出现的过程。此过程有结果初期、结果盛期、产量更新期三个阶段。成年期易出现大小年现象，延长盛果期的时间有助于稳产、高产，也是此阶段最重要的管理措施。

3) 衰退期

生长速率降低，各项生命活动减弱是衰老过程的共性。油茶衰老是组织逐渐死亡的变化过程，是生命走向终结的变化。油茶衰老的变化特征是树枝干枯、根幅变小、大小年明显等。而且，油茶个体发育到衰老有严格的顺序变化，人们在应用技术措施时应当遵循油茶生长发育的规律，这样才能做到在不影响正常发育的条件下增产，提高油茶品质和出油率。

2. 油茶无性繁殖

无性繁殖苗是利用母体的营养器官再生而培养成的苗木，包括嫁接苗、扦插苗和组织培养苗。无性繁殖苗具有优质、稳产、提高大规模繁殖速率、延长寿命等特点，与实生苗繁殖有相似阶段，但是每阶段的转变有本质上的区别。

3. 油茶年发育周期

油茶在长期发育过程中随着环境的变化形成了环境条件相互作用的结果，环境与油茶相辅相成，相互影响。伴随着季节的变化，油茶的根、茎、叶、果实等器官在一年当中呈现出不同的形态，我们研究油茶正是根据油茶外部形态，从而发现运作机理，实现一系列人为操作，制订科学的经营措施，按照其发育规律创造适合油茶生长的外部环境，最大化实现优良经营。

4. 根系生长

根系2月中旬开始生长，先于地上部分1个多月，10月后生长缓慢，每年有两个高峰，分别为3月上旬和9月末果实生长发育渐缓，至开花前期。油茶具有深根性树种特征，其根系一般可伸入地下1 m以上，20～50 cm土层内主要为吸收根，其根系的生长与其他植物类似，同样具有明显的趋水趋肥性，而且愈合力和再生力较为突出，是比较理想的荒山绿化和水土保持树种(周尔槐等, 2015)。

5. 营养生长

油茶的枝条根据萌发季节可分为春梢、夏梢、秋梢三种(刘海英, 2011)。

1)新梢

新梢指在当年在树冠外层侧枝上发出的嫩枝，不同树龄阶段的油茶新梢有显著区别。例如，3、4年幼林以营养生殖为主(张广琰等, 1965)，新梢在一年中出现3～4次，并且能形成春、夏、秋、冬梢。成林以结实为主，成林的新梢生长以春梢为主。

2)春梢

春梢为油茶由骨干枝和侧枝末梢的冬眠芽发育的新梢(刘学锋, 2013)，经过冬季休眠到第二年春天发育成春梢，抽叶是与春梢生长同时进行的，生长期在3月上旬到5月下旬。春梢是组建树冠冠形的重要枝条，在当年即可生成花芽。

3)夏梢

夏梢通常长在生长旺盛的幼年油茶树上或者处于结实早期的一些油茶树上，生长期在5月下旬到7月下旬。夏梢能使幼树迅速形成树冠(吴炜, 2014)，提早结果。

4)秋梢

秋梢一般由夏梢顶芽发育而来，生长期在8月底到11月底。秋梢生长期较短，枝条成熟度差，易遭受早霜危害，在北方边缘产区应控制秋梢形成。

5) 冬梢

冬梢生长期较短，一般 10 天左右，由于受低温的影响一般发育不良。

3.1.2 生殖生长

油茶的枝、叶、花均是由芽发育来的，地上部分的叶、花、枝、树干、树冠均由芽萌发后形成，并且能形成新的植株。一般可以按性质将油茶的芽分为叶芽和花芽。叶芽比较瘦小，萌发后一般抽生枝梢和叶片，并根据其着生位置不同分为顶芽、侧芽、不定芽。

3.1.3 花芽分化

花芽由叶芽分化而来，当新梢生长缓慢或生长停止时，养分积累丰富，叶芽生理和形态开始向花芽方向转化，即花芽分化开始。花芽一般由春梢发育而成，少量夏梢也能形成花芽。由于各地气候条件存在差异，花芽分化基本上是在春梢结束生长以后开始的。浙江、江西是在 5～8 月结束，广西、云南 5 月才开始，9、10 月分化的花芽一般不能正常发育成油茶果实。

油茶花芽的分化过程在新梢停止生长一周后开始，5 月中上旬，10 天左右，外表形态与叶芽无明显变化，后期剥去芽的鳞片可见分生组织体积增大，与叶芽有明显区别，即为花芽原基；5 月中旬到 6 月下旬，10～20 天，花芽原基分化发育成萼片原基和花瓣原基；6 月底到 8 月中旬，20 天以上，在花芽原基和花瓣雏形之间，有波浪状突起的雄蕊原基，生长成花丝，顶端进一步分化成花药；8 月下旬，花芽原基进一步形成胚珠。

花芽分化时间因油茶品种、气候条件、树龄、养分和立地条件而异。花芽分化与气温存在密切关系，温度过高或过低均抑制花芽分化速率，适宜的温度有助于花芽更好地完成分化。

3.1.4 开花与授粉

油茶花是虫媒两性花，异花授粉，最早开花始于 9 月。10 月上旬为始花期，10 月中旬初花期，至 11 月中旬为盛花期，11 月下旬后，花逐渐减少为末花期。在 10 月上旬和 10 月下旬形成的果实中，容易出现“寒露籽”和“霜降籽”，在此阶段花蕾大量开放，形成了花果同现的奇特现象，老百姓称之为“抱子怀胎”。栽植花期一致的品种，花期相对集中，有助于相互传粉提高产量。

油茶开花与湿度、阳光、温度、风、雨、霜、冻关系密切(胡玉玲等，2015)，在整个花期气候温暖，水分充足，鸟虫活跃，没有强烈的自然灾害，坐果率可达到 40%左右。

3.1.5 果实发育

在年周期内，油茶果实生长与新梢生长交替进行。根据其特点可分为以下四个时期。

1) 幼果期

油茶从秋季开花受精坐果后，受精果进入冬季休眠。在第二年 3 月气温上升时，果实开始膨大进入生长期，此时正是春梢生长旺盛的季节，只有部分营养用于幼果生长，生长较缓慢，此生长阶段称为幼果期。

2) 果实生长期

在 5 月底，春梢会逐渐停止生长，果实开始迅速生长，尤其是 6 月中旬与 7 月下旬，油茶果实的体积会迅速增大(左继林等，2012)，达到生长高峰，此阶段的大小和形状基本定型，这个时期俗称“七月长球”。

3) 油脂转化增长期

8～9 月果实生长基本停止，此时油茶鲜籽和含油量逐渐累积。陈永忠等(2006)研究认为，油茶种仁含油量、鲜籽含油量和鲜果含油率有两个高峰期。第一个高峰期在 8 月中旬到 9 月上旬，随果实生长体积扩大，所有物质快速扩增，俗称“八月长油”。第二个高峰期在 9 月下旬到 10 月下旬，果实生长已经缓慢，果实质量的增加是由于其内含物的增加，此时期达到内含物累计的高峰期，这个时期的增加值对含油量的增加具有重要意义。9 月下旬开始采摘，掌握合适采摘时间段，有助于减少产油损失。

4) 果实成熟期

9 月上旬，果实成熟，种皮逐渐变为黄褐色或黑褐色。从外表看，果皮颜色乌黑发亮，由深变浅，茸毛脱尽，表示果实充分成熟。

5) 生理落果

油茶开花坐果后 3 个月有一次明显的生理落果高峰期，90%以上是因为授粉受精不完全造成的。植物的开花、授粉、受精、胚胎形成以至子房膨大等是一系列的生理活动，又受外部环境条件的影响。

3.2 油茶生长生态学特征

3.2.1 气候条件

油茶生长长期受外界条件的影响，演化成许多新的类型，形成了特有的生态习性。油茶性好温暖、湿润的气候，忌严寒，尤其是长期的严寒霜冻容易对油茶造成严重的减产。油茶生长一般要求年平均气温在 14～22℃，年降雨量 1000～2200 mm，无霜期 200 天以上(吴炜，2014)。油茶属于阳性植物，其生长发育对光照条件要求严格，需要充足的阳光。在阳坡的油茶，其茶油产量和含油率比阴坡的高。当 5 月春梢开始停止生长，气温逐渐高于 18℃时，花芽会逐渐分化，在气温处于 23～28℃时，花芽分化的速度最快。

3.2.2　水分条件

油茶具有一定的耐旱能力，因此对水分的要求不严。但是在生长发育阶段，尤其是在果实生长阶段，水分的合理供应能够满足植物生长的各项需求。江南一般是夏、秋季干旱(7～9 月降雨量大多不足 300 mm)，而此时正值果实膨大和油脂转化时期，对水分要求迫切。油茶花期降雨则不利授粉；10 月降雨过多，不利于传粉受精，反而会加剧落花落果。故农谚有“七月落金，八月落银，十月开花要天晴”。

3.2.3　土壤条件

油茶对土壤的适应性较强，没有过多的要求，但是为了为油茶生长创造一个优良的生长环境，尽可能选择立地条件较好的土壤，有助于增加产量，提高经济收益。油茶对土壤条件适应性较强，但以 pH 5.5～6.5(酸性和微酸性)的红壤和黄壤土较为适宜。油茶耐土壤瘠薄的能力非常强，但其在土层肥力较低、土壤层浅薄的区域生长发育受限制，产量低且“大小年”尤为明显。含钙量较高、碱性较大、透气性差的土壤不利于油茶生长。在自然界中完全适合油茶生长的土壤条件比较少，在种植过程中尽可能选择水肥条件良好的土壤，采取土壤改良措施，促进油茶生长。

油茶属于喜光树种(郭向阳和王鲲鹏, 2008)，由于其形态特征为常绿、叶厚、革质、树冠茂密等，常被人们认为是耐荫、阳光不敏感的树种。油茶在不同生长阶段对阳光的需求不一样。在幼年阶段不需要强烈的光照，进入开花结实以后，需要强烈的光照来满足生长需求，因而对光照的需求程度随着不同生长时期而变化。栽种在阴坡和阳坡的油茶，产量截然不同，如果栽植不合理，密度过大，光照条件差，病虫害发生严重，将会导致产量显著下降(束庆龙, 2009)。

3.2.4　地形与地貌条件

立地坡度、坡向、坡位等地形因素均会影响油茶的生长发育、开花结果，并且各因素之间相互联系，共同作用于油茶生长发育过程。

1. 海拔

由于油茶种植地区不同，适宜的海拔高度也不同，在低海拔的山顶和高海拔的山坡上结果亦多，这主要是因为低海拔山顶和高海拔地区的地形开阔，光照条件好，油脂形成条件好，含油率较高(陈家生, 2018)。

2. 坡度

油茶种植适宜的坡度为 15°～30°的平缓坡地，如果同时具有较厚的土层、较强的保水保肥能力，不但有利于油茶根系生长，而且机械化操作方便。平缓的坡地不会限制油茶冠幅的生长和根系在土层中均匀地扩张分布，整体来说，有利于油茶后期生长。陡坡土层较薄，易造成水土流失，且不利于根系扩展，因而坡度也会限制产量的增加。

3.3 油茶林土壤酸化

我国酸性土壤面积约占全国陆地总面积的 22.7%(曾智浪和刘志军, 2013)。土壤酸化是土壤形成和发展中较为常见的一种自然或人为现象。土壤中氢离子增加的过程或者说是土壤酸度由低变高的过程，即为土壤酸化过程。我们一般用 pH 来评价土壤酸化，当 pH 小于 6.5 时，就认为是酸性土壤(黄昌勇, 2000)。土壤酸化是一个持续不断的自然过程。土壤中氢离子来源较多，包括酸雨、含氮肥料施用等，均会导致土壤酸化(王宁等, 2007)。

油茶栽培最适 pH 为 5.5～6.5(束庆龙, 2013)，然而，在各种因素共同作用下，我国南方热带亚热带地区土壤酸化比较严重，油茶林 pH 在 4.0 以下越来越多(谭自, 2016)。油茶林种植地区由于油茶自身代谢作用、人为管理措施不当及环境条件等影响导致土壤酸化加剧，对油茶的生长和品质产生了严重负面影响。

3.3.1 人为酸化

研究表明，在自然环境下 pH 下降一个单位平均需要 100 年左右(Blake et al., 1999)，而人类活动如酸沉降、生物量的移除和大量化学氮肥施用(Barak et al., 1997)等加速了土壤酸化的过程。数据显示，开垦后种植油茶比未开垦土壤的酸度显著增加，高产油茶林比低产油茶林土壤酸化严重(杨文利等, 2017)。油茶林酸化在种植过程中受人为影响较大。其中，氮肥的盲目使用及大密度的种植是导致近年来我国油茶土壤酸化的主要原因。过量的化学氮肥施用特别容易引起土壤酸化，其中硫酸铵施用导致的土壤酸化现象更明显。江西红壤地区缺磷限制了油茶的发育，在热带地区追加磷肥短期来看能抑制土壤酸化(胡冬南等, 2013)，但从长期来看，追加磷肥并不能抑制土壤酸化，反而加重土壤的酸化。徐楚生(1993)对施氮肥导致土壤酸化的研究结果表明，对照处理不施肥、5 kg/亩、10 kg/亩、20 kg/亩、40 kg/亩氮肥对 0～20 cm、20～40 cm、40～90 cm 土层的 pH 影响为：施氮土壤比不施氮土壤 pH 低，施氮水平高的土壤 pH 比施氮水平低的土壤 pH 低，浅层土壤比深层土壤 pH 低。对不同施肥年限土壤的 pH 进行测定，发现连续施氮肥使得 pH 逐渐下降，年限越长，pH 下降越多(徐楚生, 1993)。氮肥的过量施用，会造成土壤盐基元素出现淋失严重的现象，这也是导致油茶园土壤酸化的另外一个原因(许中坚等, 2002)。因此，对油茶林化肥及各种营养元素的施用必须有更加合理的科学配方。

3.3.2　自然酸化

由于土壤的自然分布特征，我国长江以南及东北大小兴安岭地区受成土过程和母质的影响，导致了该地区的土壤更容易酸化。茶树本身就适合在酸性土壤上生长，又因为茶树本身特性与土壤中的铝离子有着密切联系(曾其龙等, 2012; 丁瑞兴等, 1988)，山茶科植物更倾向于使土壤酸化。油茶是一种喜好铝的经济作物，酸性环境为油茶生长提供了所需的生态条件。油茶生长过程中的落叶增加了土壤表层的含铝量，并且根系分泌大量有机酸，会导致土壤持续酸化。因而，油茶林土壤自然酸化，主要是由油茶根系分泌物、凋落物归还和养分吸收等引起的。此外，修剪残枝的还田也为油茶林土壤酸化提供了助力。矿质元素在土壤中的转运、吸收，以及植物凋落物的归还引起的矿质元素再循环都会影响土壤酸度(曾其龙等, 2012)。随着油茶林龄的增加，pH 会逐渐降低。同时，随着油茶的生长，为了满足自身的生长需求，油茶林的根系会不断扩散，使得土壤中根系有机酸分泌范围更广，可溶性离子增加，导致油茶林土壤的 pH 普遍降低，在一定范围内有利于增加土壤养分有效性及其吸收和利用(袁玲等, 1997)。

另外，土壤酸化不仅会直接影响农林作物的生长发育，而且还会间接地影响土壤有机质里面的氮、磷等养分的分解、转化及释放。随着油茶林龄的增加，土壤的 pH 会继续下降，土壤持续酸化不利于油茶生长。当土壤发生酸化时，土壤铝会被解吸到土壤溶液或以交换性铝形态吸附于土壤胶体上，使土壤铝毒性增加，铝毒是酸性土壤限制植物生长发育的主要原因(Delhaize and Ryan, 1995)。因而，不应低估酸化对植物群落结构的影响。研究发现，虽然亚热带湿润森林系统在酸性土壤环境中具有最大的物种丰富度，但它对土壤酸化比其他森林生态系统更为敏感(Azevedo et al., 2013)。这项研究对我国南方酸性土壤区域森林系统的保护具有警示作用。此外，土壤酸化会影响土壤微生物类群和功能。土壤细菌对土壤酸化比较敏感，土壤真菌对土壤酸化不太敏感。不同的氨氧化微生物对低 pH 响应也不一样，氨氧化细菌比氨氧化古菌对低 pH 更加敏感。因而，土壤酸化对植物、动物和微生物都有影响，这必将改变整个酸性土壤生态系统的特征。

3.3.3 环境条件酸化

工业化发展所引起的“三废(废水、废气、废渣)”问题日趋严重(王水良等, 2013)。南方地区工业发展导致酸沉降面积不断增加，工业污染严重的地区硫沉降也较为明显，硫沉降导致的酸雨进入土壤，会直接造成土壤的酸化(林岩等, 2007)。在我国，酸雨的主要区域集中在长江以南，这恰好与我国油茶产区一致，这一地区酸沉降是森林土壤酸化的主要原因之一。

土壤本身化学性质的变化是酸化基础，南方地区降雨量较大，也是影响土壤 pH 下降的因素。随着降雨量的增加，土壤中盐基离子、铝和其他酸性离子的淋溶强度增加。当降雨量大于蒸发量时，土壤淋溶现象严重，物质流失加快，致使土壤脱硅富铝化作用增强，土壤 pH 下降，且降水量越大越明显。

土壤中铝有效性的提高与 pH 的降低密切相关(卢瑛和卢维盛, 1999)，即便不添加酸性肥料，茶树根际区域所在土壤的 pH，相对于非根际土壤也表现出明显的酸化现象，非根际区域有效性铝的含量也呈现增加趋势(陆建良等, 2004)。老茶树叶片铝含量能高达 13.5 g/kg，且茶树本身拥有“嫌钙聚铝”的生理特性，使得根系具有较强的铝吸收特性(Chen et al., 2008)。植物根系铝吸收这一过程所造成的根际土壤酸化会进一步增加根际土壤的活性铝含量，该现象在油茶铝吸收过程中扮演着重要的角色。鉴于此，我们可以推测，当油茶吸收了大量的铝元素后，土壤会逐渐酸化，该酸化环境又进一步增加了土壤中有效铝的含量。油茶种植的时间越长，土壤酸化也就会不断加剧，土壤铝积累也在逐渐增加，这一系列的过程构成了油茶土壤酸化的因素。

3.3.4 土壤酸化的危害

土壤酸化导致的土壤退化现象突出，尤其是在我国南方酸雨区，土壤酸化犹如一颗毒瘤，严重限制农、林业的可持续发展。土壤溶液中的化学平衡都是在一定的 pH 范围内进行的，长期以来形成了稳定的机制，一旦被土壤酸化破坏，本来的化学平衡将不复存在。土壤酸化将导致细胞解体，破坏细胞的亚显微结构(van Rensburgl et al., 1994)，严重影响植株的生长发育及产品品质(陆建良等, 2004)。

油茶的根系是从地下获取营养用于植株生长的重要部位，一旦受到破坏，将对植株本身有巨大的伤害。随着土壤酸化的发展，土壤溶液中活性铝浓度升高，影响根系的生理生态学特征，导致植株生长状况不良。同时，铝离子与土壤中其他金属离子的相互作用会导致钙、镁、钾等养分离子的有效性变化(王文娟等, 2015)，导致土壤养分贫瘠(于天仁, 1988)。另外，土壤环境酸化能改变土壤微生物功能群，增加嗜酸性细菌或者真菌的丰度和含量(王文娟等, 2015)，改变氮循环机制，破坏土壤养分原本的良性循环，导致作物减产(Muhammad, 2015)。

自然生态系统与农、林生态系统不同，植物不断地从土壤中带走养分用于满足自身的生长需求，而没有外源养分的增加来补充土壤被吸收的那一部分，即使植物部分枯落物补充一部分土壤养分，但是依然是供不应求，导致土壤盐基离子不断被植物吸收，土壤酸化严重。对于植物缺乏的营养元素，生物利用效率的提高可以促进植物生长。但是，如果是铝离子等元素，会对植物、动物、微生物的生长，以及农产品的质量造成严重危害，还会导致土壤酸性增强、退化。

3.4 油茶林土壤酸化改良

土壤酸化已成为影响农业生产和生态环境的严重问题，随着自然环境恶化、不合理的施肥、化学农药的大量使用、工业污染等因素，农作物赖以生长的土壤受到严重的破坏。例如，土壤酸化导致我国耕地土壤肥力严重下降，农作物的品质也受到不同程度的影响。因此，要充分认识土壤酸化的危害，了解土壤酸化的原因，解决土壤酸化问题，达到土壤肥力提升的目的，酸性土壤的改良已成为一个热门话题。

土壤酸化可引起土壤压实、板结，土壤变得坚硬，缺乏氧气，结构被破坏，导致作物根在土壤的伸展受到严重阻碍，根系活力降低，根系吸收面积减小(陈炳东等, 2008)。根系细胞的呼吸作用减弱，严重影响根系对土壤养分的吸收。生长在地上的部分得不到营养，导致作物无法正常生长，影响作物的产量和质量。土壤酸化后，有益微生物减少、有害微生物增加，氨化细菌和硝化细菌减少，不利于养分循环。腐霉菌、尖镰孢菌、丝核菌等数量增多，会加重土壤病害传播。酸性土壤中的氢离子、铝离子、锰离子等离子增加，活性增强，铝、锰会对作物产生毒害作用。土壤中的氢离子增多，会与其他离子产生拮抗作用(王金缘, 2018)，不利于作物吸收养分。

改良剂特性和土壤理化性质对酸性土壤改良至关重要，需要结合所改良的土壤特性进行改良。此外，土壤改良还需要充分考虑经济效益，应当选择传统改良剂为主，如石膏、石灰及磷酸盐岩等，不仅价格便宜，而且容易获取，便于在农、林等实际生产中大面积推广。

针对南方油茶林土壤酸化改良问题，其改良主要集中在两个方面：一方面是施用土壤改良剂，另一方面是采用农艺改良措施。通常，施用石灰和石灰石粉是最常用的土壤改良方法。石灰的添加能中和土壤的酸性，进一步缓解铝元素对植物的毒害效应，还能增加土壤钙营养元素的含量，促进植物生长。石灰的施用量很关键，过多的量会导致土壤钙、镁养分失衡，对油茶的品质产生不良的影响。酸性土壤的改良除了石灰外，还有许多其他类型改良剂，如石灰氮、含腐殖酸的水肥、生物质炭等。

3.4.1 土壤酸化改良剂

1. 石灰

常见的石灰的种类有熟石灰[$Ca(OH)_2$]、生石灰(CaO)、白云石[$CaMg(CO_3)_2$]。由于不同种类作物对养分的需求不一样(胡德春等, 2006)，选择改良型石灰时，需要考虑选择符合作物和土壤自身需求的类型。施用石灰石是降低土壤酸化(Brown et al., 2008)、促进作物吸收养分、提高作物产量及品质的重要措施之一(Caires et al., 2008)。使用石灰进行改良酸性土壤的研究表明，石灰除了能改善土壤酸性，还可以提高土壤对养分的吸收。与生石灰相比，白云石粉会有效提高枝梢镁含量，而生石灰可有效提高叶片钙含量(Røsberg et al., 2006)。因而，需要科学合理选择和施用石灰改良酸性土壤(孟赐福等, 1999)。

土壤中添加石灰或石灰石粉能有效改良酸性土壤，也是一种行之有效的传统土壤改良方式(杨晶等, 2016)。石灰的添加能中和土壤酸性，从而迅速降低酸性土壤的有效酸含量，还能生成氢氧化铝沉淀而减缓铝的毒害作用。尽管石灰在酸性土壤改良中的应用在经济上是可行的，但过量施用石灰可能会抑制作物生长。此外，石灰在土壤中随渗透水或径流水的迁移性较差，长期且过量地施加石灰会造成土壤表面压实，并将导致营养不均衡(Caires et al., 2008)。

2. 生物质炭和土壤动物

近年来，科学家对生物质炭的关注点不断增强，并把它作为改良土壤的重要物质(杨晶等, 2016)。生物质炭是厌氧条件下的农作物秸秆和其他有机物，在低于700℃时热解产生的固体产物。在高温热解过程中，生物质的芳香化程度加深，比表面积和孔隙率逐渐增加，且表面生成丰富的碱性官能基团。生物质炭可以使得土壤容重下降，作物的氮素吸收利用率得到提高，土壤阳离子的交换能力增加(吴志丹等, 2012)。因此，使用生物质炭进行酸化土壤改良，不仅能够提高土壤的盐基饱和度，还能够进一步改善土壤的理化性质并增加土壤肥力(Li et al., 2018a)。

赵牧秋等(2014)利用 4 种不同的原料，在 300～600℃的裂解温度和不同裂解时间的条件下，制备了一系列的生物质炭。结果显示，这些生物质炭都表现出了碱性特征，热解时间越长，热解温度越高，原料颗粒越小，生物质炭碱性组分含量就会呈现增加趋势。酸性土壤的 pH 在添加生物质炭后会出现上升结果，而且随着生物质炭碱性基团的增加，酸性土壤的 pH 改善效果越明显(赵牧秋等, 2014)。

此外，土壤动物对酸性土壤的改良也不可忽视。在芒果园养殖蚯蚓能有效降低土壤酸性，与对照土壤相比，在蚯蚓粪覆盖下的土壤 0～20 cm 土层 pH 增加了

1.1 个单位，土壤有效养分明显增加(顾训明等, 2007)。

3. 其他土壤改良剂

土壤改良剂泛指一类能添加到土壤中，起到改善土壤物理结构和化学特性的物质，能够减少土壤酸化、盐碱化带来的危害，调节土壤水分，调控土壤的酸碱度，修复污染的土壤等(杨晶, 2016)。土壤改良剂种类很多，碱渣和白云石是两类特别重要的土壤改良剂。白云石是一种含有钙镁元素的碳酸盐矿物，研究结果表明，随着白云石粉添加的时间增长，旱地棕红壤的潜性酸含量明显减少。当白云石添加达到 90 天后，土壤中潜在酸的含量基本趋于稳定，不同剂量的白云石与有机肥组合能够有效地减少土壤潜在酸的含量(熊又升等, 2009)。碱性残渣是工厂的废弃物，偏碱性，pH 为 9～12，主要成分是钙盐和氢氧化镁，富含钙、镁、硅、钾等作物生长有益成分(蒙园园和石林, 2017)，也可以作为一种有效的土壤改良剂，对土壤酸化进行改良。

3.4.2　农艺措施

合理的施肥、灌溉、套间作等管理措施能够有效改善酸化土壤(李爽等, 2012)，恢复土壤生产力。对于具有酸化趋势的土壤，可以提前采取预防措施降低酸化风险，实现农业可持续发展。

1. 碱性肥料

在酸性土壤中，钙、镁、硅元素不足，磷很容易受到铁、铝的影响，被铝固定(Vondráčková et al., 2014)，从而导致其利用率低，进一步造成作物产量低。所以，碱性肥料的添加能有效向酸性土壤中补充碱性元素，从而达到改善酸化土壤、增加作物产量、提高酸性土壤肥力的目的。刘建松等(2002)使用 P_2O_5 75 kg/hm^2 作为添加钙、硅的标准肥料，与磷酸钙镁肥和过磷酸钙肥进行比较，结果表明，酸性水稻土钙硅肥和磷酸钙镁肥的施用可以提高水稻的粒数和千粒重。其中，硅钙肥和磷酸钙镁肥效果更好。

变废为宝、资源充分利用一直是农业生产上常用的措施。草木灰是优质的农家肥，可作为基肥、种肥、根外追肥。农村最常见的草木灰是秸秆、柴草、枯枝、落叶、木材燃烧的残余物，这些草木灰常常被用来改良酸性土壤，既方便又实惠。由于其来源较广，草木灰一直是传统土壤肥料的重要来源(杨晶, 2016)。草木灰对酸性土壤改良的途径主要有：①草木灰通过产生石灰效应，在土壤中施用以后使土壤的 pH 增加，钙、镁、氢氧根离子含量增加，提高了碱度；②草木灰本身富含矿质营养，可以有效提高土壤养分水平，尤其是富含钾元素，可以有效提高土壤钾水平(宁德彦和秦绍文, 2013)。草木灰作为一种能改良酸性土壤的优质肥料，能够调节土壤 pH，土壤中铝、铁的含量能够有效降低，增加土壤中磷的含量。对于一些农作物施用草木灰，还能提高抗病能力，为土壤中微生物的活动和植物的生长创造了优良的环境条件。草木灰中钾的含量比较丰富，主要以碳酸钾的形式存在，还有一些其他类型的含钾化合物，在施用时要注意肥效。种植人员在施用肥料的过程中为了提高产量，盲目地认为各种肥料都是有益的，很容易混合施用，例如，草木灰和氨态肥料混用，不但没有增加养分的效果，反而会导致施肥效果下降。因此，在施肥过程中要科学合理搭配施用，切忌将草木灰与氨态氮肥、人畜粪尿混用。

2. *施用有机肥*

在我国，使用有机肥料进行酸性土壤改良，具有悠久的历史。有机肥的施用除了能够改善土壤结构，还能提供植物生长所需要的基础养分，甚至能够改善土壤微生物的生存环境，缓解土壤酸性。有机肥料如作物秸秆、家畜粪便、绿肥和草灰等，取材容易，操作工艺简便，而且对环境无污染，既减少了经济投入，又可以提高改良效果，是比较经济的改良剂。

泥炭土也是一种良好的酸性土壤改良剂，其富含富里酸和腐殖酸，可以与铝形成不溶性有机化合物——铝络合物。此外，还可以采用稻草和鸡粪降低酸性土壤铝毒。绿肥分解过程中产生的各种有机物质会与土壤表面的羟基(—OH)发生配位交换反应，进而将 OH^-释放到周围的土壤溶液中，起到中和土壤酸度、减少土壤活性铝含量的效果。泥炭可以去除水稻幼苗铝的毒性作用，与泥炭结合的石灰可以有更好的效果。

某些植物措施也可以起到改良酸性土壤的作用。毛佳等(2009)的结果表明，紫云英、豌豆和刺槐的秸秆对酸性土壤的改良有一定的效果。土壤 pH 由于三种植物秸秆的添加，在不同程度上都得到了有效增加，而且土壤阳离子交换量增加，土壤中可交换铝含量降低(毛佳等, 2009)。姜军等(2007)研究发现，施用土壤干重1%的稻草或大豆叶(秸秆)，可有效提高土壤 pH。邢世和等(2005)采用煤灰混合滤泥改善酸性红壤，发现相关措施可以增加土壤中主要养分含量。其中，采用 20%粉煤灰和 80%过滤泥浆的比例经济产出最高。此外，混施有机肥与微生物肥可不同程度地增加土壤中速效氮、有效磷和有效钾含量，对提高作物产量有显著作用(褚长彬等, 2012)。张佳蕾等(2018)提出增施钙肥并与有机肥和微生物肥配施能显著提高酸性土壤钙素活化度、有效钙含量。有机肥的混施既能改良酸性土壤，又能增加土壤肥力，可以广泛应用于南方酸性红壤，并且具有广泛的研究前景。

3. *耐酸植物种植*

改良酸性土壤除了改良土壤环境外，还可以种植耐逆、优质、高效的植物用来改良油茶酸性土壤。选择耐酸、抗铝的遗传特性植物，也能实现土壤的可持续利用。对油茶品种展开分子遗传分析，获得耐铝、抗铝基因，为植物土壤改良提供基因信息。由于作物对不同离子的吸收存在差异，因此，种植不适当的作物可能会导致经济损失和土壤侵蚀、土壤结构破坏甚至土壤退化。徐仁扣和 Coventry (2002) 指出豆科植物生物固氮增加土壤中的有机氮含量，同时增加土壤中的有机氮含量和土壤中有机氮的矿化。而土壤 NO_3^-的浸出及残茬留田可能加速土壤酸化 (Haynes, 2010；徐仁扣和 Coventry, 2002)。袁珍贵等 (2014) 进行了具有不同酸度的田间比较试验，选择 23 个水稻品种，分为酸敏型、酸中间型和酸阻滞型，结果表明，与普通的微酸性水稻土相比，酸阻滞型水稻品种在酸性土壤中产量会增加 (袁珍贵等, 2014)，该结果可以作为南方酸性土壤资源利用的参考。

4. 合理施肥

大量使用铵态氮肥和土壤 NO_3^-浸出损失是导致土壤酸化的重要因素。适量的肥料和水，不仅可以减少氮肥的流失，提高氮肥的利用率，减缓土壤酸化，还可以避免过量施肥造成的氮肥残留和淋溶。在实际生产中，应考虑科学、合理搭配施肥，避免施肥导致的土壤酸化。

3.4.3　其他常见措施

油茶幼林绿肥间套作模式已被广泛应用，可以有效改善田间小气候，防治病虫害，提高土壤肥力，降低虫害率 (束庆龙, 2009)，对于高坡地而言能够起到减沙减流等作用。间作经济作物还能提高经济效益。绿肥种植中施加氮肥和溶磷菌能够增加绿肥的生物量，对土壤培肥有促进效果。谢庭生等 (2019) 在油茶林中种植冬季、夏季绿肥，对土壤有机质、氮、减流减沙作用及土壤物理性质进行测定，结果表明，间种三年后，土壤养分成倍增加，减流减沙作用显著，物理性质改善明显。绿肥 (牧草) 还能提高植被盖度，减少径流，提高土壤含水量。减流幅度一般为间种夏季、冬季绿肥 (牧草)+新技术应用＞间种夏季、冬季绿肥 (牧草)＞间种冬季绿肥＞清耕，绿肥生物量对减少水流侵蚀作用显著。间种夏季、冬季绿肥 (牧草)+新技术应用土壤养分含量提高 4.9 倍 (速效氮) 至 7.2 倍 (全氮)。容重是土壤最重要的物理性质之一，能反映土壤质量和土壤生产力水平，土壤容重越低，生产力水平越高，绿肥种植以后，土壤容重降低，但不显著，说明有一定效果，可能需要时间尺度的累积。

通过“以草抑草，土壤改良”来改良油茶林的模式变得越来越重要 (丁怡飞等, 2018)。草本植物根系发达，根系众多，生长迅速，可以在水土保持中发挥良好作用。地上部分可以保持径流，而地下部分可以影响土壤中降雨的重新分布。鼠茅草 (*Vulpia myuros* C. Gmelin) 可以一次播种，单一播种，多年得益，减少劳动力，大鼠茅草可以抑制其他杂草的生长，还可以补充土壤中的有机质，改善土壤的理化性质。黑麦草(*Lolium perenne* L.)不仅是优良的牧草，而且具有良好的土壤改良效果，可以改善土壤有机质和土壤团聚体(王静等, 2005)。油茶林多年间作绿肥黑麦草、鼠茅草能够提高土壤含水量，降低土壤容重(Liedgens et al., 2004)，还能在一定程度上提高土壤中各养分的含量。绿肥干枯后覆盖于地表抑制了坡面水分漫流和蒸发，提高土壤墒情，促进自身腐解，向土壤中提供大量有机质及养分。不同绿肥其成分迥异，添加到土壤中会出现不一样的生物学特征，进而导致不同的土壤改善效果，在酸化土壤改良方面也表现出类似的效果。

坡耕地年均径流量为 3729.4 m^3/hm^2，年土壤流失量为 61.28 t/hm^2，采用坡面梯田措施，年均径流量仍为 1074 m^3/hm^2，年土壤流失量仍为 18.6 t/hm^2(袁敏等, 2012)。可见，坡改梯后，土壤流失量依然较大，要将这些土地减流、减沙再上一个新台阶，梯面间种绿肥(牧草)应为首选，可显著提高牧草产量，土壤有机质含量，改善土壤 pH，增加土壤孔隙度，降低土壤容重，增加土壤蓄水和抗旱性(董素钦, 2006)。

中国长江以南地区存在大量酸性和弱酸性土壤，酸性气体排放导致酸沉降增加，一些不当的工农业措施(Pratley and Robertson, 1998)等使得土壤酸化过程明显加快。土壤改良剂在中和土壤酸度、提高土壤肥力、恢复酸性土壤生产力方面的应用，对农业可持续发展和生态环境保护具有双重意义。廉价绿色酸性土壤改良剂是未来重要的研究领域，应加强对具有潜在酸化趋势的低缓冲弱酸性土壤的管理，采取科学合理的农艺措施(Chen et al., 2008)。

第 4 章　油茶林土壤酸化与氮转化

现代施肥技术的发展，在农、林业效益显著提高的同时，也带来了一系列生态问题，如越来越严重的土壤酸化问题，如不加以纠正，可能会对农业生产及生态环境造成严重的危害，降低生态环境质量和农业生产效益。土壤酸化是土壤退化的一个重要方面，本质上讲是土壤在人为活动和自然因素的影响下盐基阳离子淋失而 H^+、Al^{3+}增加的过程，土壤酸化会导致土壤质量下降(余涛等, 2006)，土壤退化。

4.1　油茶林土壤酸化特征

土壤在自然条件下的酸化过程是十分缓慢的，工业革命以来，随着人类活动的日益加剧，土壤酸化的过程逐渐加快。随着土壤酸化的日益严重，人们越来越重视土壤酸化带来的负面影响。土壤酸化指的是土壤中的盐基离子被交换性 H^+ 和 Al^{3+}置换，是土壤中的盐基离子淋失的过程。土壤酸化主要受土地利用方式、酸沉降、植物、化学肥料、土壤酸缓冲体系等的影响。土壤酸化的过程实际上是土壤酸缓冲能力不断下降的动态过程。van Breemen 等(1984)就曾提出“酸中和能力”(ANC)的概念，指的是土壤中碱性组分和酸性组分的差值，而土壤酸化的过程其实就是土壤酸中和能力不断降低的过程。

从世界范围来看，酸性土壤的面积约占地球陆地面积的 1/3(von Uexküll and Mutert, 1995)。全世界大约 25 亿 hm^2 耕地或潜在耕地属于酸性土壤，约占全世界耕地及潜在可耕地面积的一半(von Uexküll and Mutert, 1995)。就世界范围来看，酸性土壤主要分布于热带、亚热带及部分温带地区，这些地区水热条件丰富且适宜农业生产。而中国境内的酸性土壤主要分布于南方温热多雨的红壤地区，包含 14 个省份，占地面积达到 218 万 km^2，约占陆地总面积的 22.7%(沈仁芳, 2008)。土壤在自然条件下酸化现象缓慢，土壤 pH 需要经过几十年甚至上百年才会出现明显降低的现象。统计表明，过去的二十年，中国草原生态系统、农田生态系统和森林生态系统土壤的 pH 分别下降 0.62、0.42 和 0.37 个单位(Guo et al., 2010)。

南方地区土壤总体呈现酸性，年均温较高且多雨，适宜植物的生长。在全球范围内，酸性土壤的面积及分布较大，酸性土壤中仅有 5.4%用于种植农作物，种植农作物的酸性土壤面积仅占全部农作物种植面积的 12%。酸性土壤在农业生产中还有着巨大的潜力，而大面积的酸性土壤未被有效地用作农业生产用地。酸性土壤的生产潜力未被有效开发利用，很大程度上是因为酸性土壤中存在着多种限制作物生长的限制因子。酸性土壤限制植物生长的养分因子可以分为少量和过量两种，少量的养分因子主要有钙、镁、磷，过量的养分因子主要有铝、锰、铁等。

油茶为喜酸性树种，其适宜 pH 为酸性到弱酸性范围，土壤 pH 高于 6.5 时，油茶生长会受到阻碍，pH 超过 7 时甚至会导致油茶树的死亡，而土壤 pH 持续偏低亦会对油茶生长和产量产生不良的影响。由此可见，油茶树生长对于土壤 pH 具有较高的要求。

4.2 油茶林土壤酸化及其影响

由于人为管理不当及油茶的自身代谢特征等原因，油茶林土壤酸化问题日益严重，土壤 pH 小于 4 的油茶林越来越多，对土壤结构、农业生产等产生了巨大的负面影响。油茶林土壤持续酸化的危害如下。

4.2.1 破坏土壤结构

油茶林土壤酸化后，土壤水稳性团聚体结构将会受到影响而崩解。土壤物理性状变差，如容重增加，孔隙度减小，透气性下降，土壤易发生板结，将会导致土壤养分和水分利用率降低。此外，在土壤酸化程度增强的过程中，土壤中的腐殖质逐渐转化为腐殖酸，容易随雨水淋失。同时，在土壤酸化过程中，由于累积了较多的 H^+，使得土壤团粒结构被破坏，抗侵蚀能力下降。

研究表明，油茶林土壤酸化后，土壤交换性铝与土壤有效钙含量呈显著的负相关关系，钙等盐基是土壤结构的重要盐基组分，土壤酸化导致铝的活化程度提高，从而使得钙含量降低，低含量的钙使得土壤结构解体，难以形成良好的黏粒结构，造成土壤板结(苏有健等, 2018)。

4.2.2 影响养分吸收

土壤的酸化程度对根系的生长和吸收功能有重要影响。在 pH 较低的情况下，土壤养分的生物有效性会发生变化，进而导致植物养分失调。当土壤 pH 为 5～6 时，油茶发芽早，新梢生长快且根系发达。土壤酸化使得土壤中的钙、磷等大量元素，以及钼、硼等微量元素的有效性有所降低，影响植物对养分元素的吸收。当 pH 小于 4 时，油茶对氮、磷、钾等元素的吸收量明显下降，油茶发芽迟缓且根系的生长受到抑制。

4.2.3 造成土壤及环境毒害

随着 pH 的降低，土壤中重金属的移动性、溶解性、有效性增加，从而导致重金属等元素在叶片和果实上的积累，一方面影响作物品质，另一方面会对人体的健康产生危害。在土壤酸化的条件下，土壤中铝、锰浓度升高，对植物生长发育具有毒害作用。研究表明，当土壤 pH 小于 4 时，土壤中的水溶性氟(F)含量增加，从而增加茶叶对 F 的吸收(宗良纲等, 2006)。当土壤酸化发生时，土壤固相铝会被土壤溶液吸收或者以交换性铝的形态被土壤胶体所吸附，这使得土壤铝活性增加。铝毒是限制酸性土壤植物生长发育的主要限制因子。由于锰、酸、铝等一系列养分破坏因子的影响，我国南方地区虽然水热资源丰富，但是作物的生产潜力难以发挥。土壤酸化对植物群落结构的影响剧烈。

土壤酸化其实是土壤本身化学性质变化、土壤质量下降的过程(余涛等, 2006)。在大多数情况下，随着土壤 pH 的上升，土壤中的金属元素易被土壤颗粒吸附，金属活性降低。而当土壤的 pH 降低时，一些元素特别是金属元素会被释放或者溶解，抑或是转化为植物容易吸收的有效态，增加了这些元素的生物有效性。对于植物缺乏的元素，pH 降低提高其生物有效性，可以有效改善植物的生长状况。然而，如果是重金属等元素，那么 pH 降低引起元素有效性的升高，可能会对动物、微生物、植物的生长，以及地下水环境等造成严重危害。以土壤中的重金属元素为例，镉元素的离子交换态在 pH 小于 6 时比例上升，能够达到总量的一半左右，土壤中的铅元素离子交换态含量在 pH 小于 6.5 时也直线上升，而砷元素的离子交换态比例在中性及酸性环境中反而降低。

土壤酸化发生时，除了常见的铝、锰等重金属之外，土壤中的碱解氮、有效硅等随着 pH 的下降直线下降，大量盐基离子伴随着雨水淋失，将给农业生产带来严重的负面影响。随着大量氮、磷肥的施用，肥料的淋失问题加重了土壤的酸化。此外，一些废弃矿井、矿山等引起的酸化问题，不仅仅是对土壤的破坏，还会进一步毒害生物，破坏水体，腐蚀金属设备，影响国家水上建设等。

综上所述，土壤酸化对农产品和地下水环境的影响是一个值得深入研究的课题。铝元素在土壤中大量存在，土壤的酸化会增加土壤胶体或者溶液中铝的浓度，这对于农产品的产品品质以及地下水环境会构成严重的危害。因此，研究土壤酸化对于油茶林土壤环境及油茶产品品质的影响势在必行，对于油茶的生产及茶油的食用安全至关重要。

4.2.4　影响微生物活性

微生物对酸较敏感，因此在酸性条件下土壤微生物多样性及数量较少，且活性低，从而使得微生物酶失活，影响土壤养分的转换。此外，酸化较严重的土壤中浓度较高的铝会毒害微生物，从而使微生物的活性减弱。刘芳等(2014)在长白山对不同海拔梯度下裸足肉虫的群落分布研究中发现，裸足肉虫的多样性及丰富度与土壤的 pH 呈显著的正相关关系。齐莎等(2010)在内蒙古的研究表明，对内蒙古典型的草原施氮肥之后，施肥引起了土壤微生物碳代谢群落结构多样性的变化，并且引起了草原土壤酸化，降低了微生物碳、氮活性和微生物活性。在蔬菜大棚中进行的土壤酸性模拟实验也表明，酸化严重的土壤对微生物群落的组成有显著影响，严重影响蔬菜根系生长(张昌爱, 2003)。Zhao 等(2013)的研究表明微生物对土壤酸化敏感程度并不一致，土壤真菌对土壤酸化敏感度较低，而土壤细菌受土壤酸化影响程度较大。此外，不同的氨氧化微生物对土壤酸化程度的响应也不一致，氨氧化古菌与氨氧化细菌相比敏感度较低。

4.2.5　影响黏土矿物组成

土壤的黏土矿物一般由蛭石经过渡矿物发展到高岭石(徐仁扣等, 2011)。土壤黏土矿物组成变化缓慢，不易在短期内观察到。英国洛桑试验站长期土壤定位研究结果表明，土壤酸化导致土壤阳离子交换量显著减小(Blake et al., 1999)。Ulrich (1991)认为土壤酸化导致土壤阳离子交换量减小的原因可能是土壤酸化过程中形成的无定形羟基铝覆盖在黏土矿物表面，掩盖了部分土壤永久负电荷。不同植茶年限酸化对茶园土壤黏土矿物组成和阳离子交换量的研究表明，植茶 13 年和植茶 34 年茶园土壤表层发生了明显酸化，但是酸化没有对土壤阳离子交换量和黏土矿物组成造成影响(徐仁扣等, 2011)。随着植茶年限的增加，植茶 54 年土壤酸化继续加重，茶园土壤表层和下层 pH 降低，土壤的酸化加速了 2∶1 型黏土矿物向 1∶1 型高岭石的转化，进而导致茶园土壤阳离子交换量减小显著(徐仁扣等, 2011)。

4.2.6　改变土壤化学性状

在土壤酸性较强的情况下，土壤铁、锰、铝的溶解度会增大。研究表明，土壤酸性增强，水解性酸、活性铝、代换性酸增加，土壤中活性锰、钾、钙、镁等营养元素的数量会减少(张倩, 2011; 李庆康, 1987; 余金顺等, 1983; Smith, 1962)，从而导致土壤和茶树营养元素的比例失调，影响农产品品质和产量。此外，随着土壤酸化程度的增加，酸化土壤中的微量元素和盐基离子的损失会增大，同时会降低一些微量元素的活性，进而影响到茶树的生长发育(姚槐应, 2002)。酸化的茶园必然导致土壤中交换性铝含量的升高，而当这些铝离子集聚在植物根尖时，会妨碍植物对土壤养分的吸收(张倩, 2011; 廖万有, 1998; 1997)。酸化土壤中的锰、铝、铁等离子可使土壤有效态磷转化为不可溶性盐类，从而降低土壤有效态磷的有效性。

4.3　油茶林土壤酸化因子

4.3.1　内源酸化因子

油茶林的土壤酸化受自身代谢的影响，即油茶林土壤酸化的内源因子。茶园土壤酸化的内源因子主要包括茶树凋落物及修剪凋落物归还和茶树根系自身代谢而导致的土壤酸化(罗敏, 2006)。与茶类似，油茶不仅可以通过矿物元素的吸收、转运、凋落物归还及生物循环等影响土壤酸化程度，油茶根系的选择吸收及其根系分泌物也会直接影响土壤环境。由此可见，油茶树自身的代谢对油茶林土壤酸化有着重要的影响(张倩, 2011; 廖万有, 1998)。

油茶树在生长过程中会吸收土壤中的盐基离子，为了维持电荷的平衡，油茶会向土壤释放质子，从而使得土壤酸化(许中坚等, 2002)。类似地，茶树作为一种常绿植物，由于其长期种植加重了土壤中的含铁化合物和硅酸盐化合物的矿化，加速 Na^{+}、Mg^{2+}、Ca^{2+}、K^{+}等盐基离子的淋失和 Al^{3+}、Si^{2+}的积累，这是导致茶园土壤酸化的主要原因之一(刘美雅等, 2015)。

由于油茶属于聚铝性植物，油茶林土壤酸化也是油茶自身物质循环的结果。对采集叶片的茶树而言，茶叶的采摘会带走大量的盐基离子，而茶树向土壤吸收更多的盐基离子，使得土壤的电荷平衡被破坏，土壤中的 H^{+}、Al^{3+}浓度进一步增加，从而使土壤的酸化程度加剧。与普通叶用茶树不同的是，油茶是果实用作物，茶树凋落物全部归还到土壤中，对除铝外的盐基饱和度无明显影响，但会导致铝不断被循环利用，促进根系不断向土壤释放质子，加剧酸化。在酸性土壤中，不稳定形态的铝被油茶吸收，树体平均铝含量为 1500 mg/kg，老叶中高达 2000 mg/kg。随着油茶凋落物的归还，铝的生物地球化学循环加速了林地的酸化。另外，由于油茶树的富铝性和喜铵(NH_4^+)性，油茶树对铝离子和 NH_4^+的大量吸收导致根系大量释放质子以平衡土壤电荷，可能对土壤酸化有重要影响。油茶在生长过程中会向土壤吸收大量的活性铝，油茶叶脱落后，这些铝重新回归土壤，随着油茶及其根系的不断生长，油茶林土壤深处的铝逐渐地在土壤表层聚集起来。油茶生长地雨水充足，在油茶凋落物的循环过程中，钙、镁等土壤盐基离子由于其在土壤中的迁移能力较强，在表层富集的钙、镁等元素随着雨水的冲刷被淋洗到土壤深处，由于铝迁移能力较弱，其在这个物质循环过程中不断地在土壤表层积累，导致土壤的不断酸化，这也是油茶林土壤酸化的主要原因之一。此外，油茶林生长越茂密，树龄越长，落叶越多，林地土壤酸化问题就会越严重。

方兴汉(1987)通过水培试验发现茶树根系分泌物对土壤酸化的影响显著。油茶树根系的生长过程中会分泌一些酸性物质，如苹果酸、草酸、柠檬酸等一些有机酸及碳酸，这些油茶树根系分泌的酸性物质易积累并且酸化土壤。根系分泌物导致的土壤酸化特点是由植物根际逐渐向旁边扩散。由于茶树属于多年生常绿作物，代谢强，根系活动活跃，加之茶园耕翻条件差，种植密度高，根系的分泌物易在土壤中累积并酸化土壤(张倩, 2011; 罗敏, 2006)。此外，植茶土壤 pH 较对照土壤可显著降低 1～2，并且在土壤酸化的前期，表层土壤酸化速率达到 4.40 kmol H^{+}/(hm^{2}·年)，酸化现象极为突出。由于茶树本身具有“嫌钙”的特性，在其生长过程中不宜大量施用含钙碱等物质来改良茶园土壤，施用过量可能会适得其反。

4.3.2 外源酸化因子

1. 化学肥料施用

为确保作物产量，在农业生产中大多会采取施用化肥来解决土壤养分不足的问题，以此来提高农作物产量。与自然条件下土壤酸化的成因不同，在现代的农业生态系统中，化肥的使用特别是氮肥过量施用，是农田等生态系统土壤酸化的主要原因。氮肥的使用量与粮食产量及农田土壤酸化率呈明显的正相关关系(Zhu et al., 2017a)。在施用化学肥料的时候，肥料中含有大量的酸性成分，如硫酸铵、氯化钾等氮、钾肥，然而植物对肥料的吸收是有限的，剩余的肥料会在土壤中发生沉积，进而会对土壤酸化产生影响。同时，土壤硝化作用释放质子是引起土壤酸化现象的重要机制(Huang et al., 2015a)。施加氮肥会对土壤酸化产生直接作用，向 1 hm^2 土壤施加 500 kg 的氮将会产生 32.5 kmol 的 H^+(Chien et al., 2008)。氮肥施用增加了产量，作物成熟后带走盐基离子，留下 H^+，进一步加速了土壤的酸化，这也是施加氮肥导致土壤酸化的间接原因。不同种类的氮肥造成的土壤酸化速率不同，硫酸铵对土壤酸化的影响大于硝酸铵钙及尿素。也有研究表明，尿素和硝酸铵对土壤酸化的影响程度显著大于其他氨态氮肥(Tian and Niu, 2015)。

孟红旗等(2013)开展长期的施肥实验，结果表明，施用磷肥、钾肥的耕层土壤 pH 比对照显著下降，土壤的酸化速率明显升高(孟红旗, 2013)。一般来说，磷元素是亚热带森林生态系统发育的主要限制因子(Vitousek et al., 2010)。最近的研究表明，在氮元素富余导致土壤酸化的森林生态系统中追加磷肥，能够在短期内有效地抑制土壤酸化的发展趋势，但在长期来看，磷元素的后期追加并不能够有效地缓解土壤的酸化，且在某种程度上会加重土壤的酸化(Mao et al., 2017)。由此可见，在油茶经营的过程中，各类化肥甚至是各类营养元素的施用，必须遵循科学的配置方式，在掌握油茶林地土壤理化性质的变化机制后开展合理施肥。

土壤有机质的含量决定着土壤恢复能力和缓冲能力，而长期施肥会对土壤有机质含量产生影响(张北赢等, 2010)。这也表明及时补充有机质对维持土壤恢复能力的重要性，施用化肥会对土壤有机质产生影响，而及时补充有机质可以保持土壤恢复能力和缓冲能力。

2. 酸沉降

酸沉降表现为酸性物质的沉降与累积，包括干沉降和湿沉降，是导致土壤酸化的重要原因。酸沉降 pH 低于 5.6，SO_2 和 NO_x 是主要的酸沉降物质(潘根兴和冉炜, 1994)。SO_2 和 NO_x 主要来源于矿石、石油、煤炭等能源物质的燃烧，伴随着降雨、空气中的尘埃颗粒等进入油茶林土壤。酸雨是油茶林土壤酸化中最为普遍的代表，是由酸性气体(NO_2、NO、SO_2 等)以降雨的形式直接降落到地面，直接导致油茶林土壤酸化。

工业产生的废水、废气、废渣也会直接或间接导致土壤酸化。汽车排放的尾气经氧化后形成含有硝酸或硫酸的酸雨，大型养殖场产生的 NH_3 随着降雨淋至地表，酸雨中的 H^+ 与土壤中的盐基离子进行交换，被交换的盐基离子随着降雨淋失，导致土壤酸化的发生。

由于南方地区降雨量大，酸雨降落到油茶林地表如未能得到及时中和，土壤表层酸性物质的不断消耗，将会进一步加重土壤的酸化。酸沉降也会在一定程度上加剧土壤矿质元素的化学变化(Piersonwickmann et al., 2009)。在降雨的不断冲刷下，土壤表面的盐基阳离子不断淋失，导致茶园土壤酸化加剧(郭琳, 2008)。

氮肥造成的酸化作用是酸沉降的数十倍(Barak et al., 1997)，然而，在环境污染恶劣的地区，酸沉降是导致土壤酸化的重要因素，土壤酸度与茶园附近工业的密度关系显著(罗敏, 2006)。有研究表明，当茶园土壤 pH 低于 4.0 时，该地区降雨的酸雨概率达到了 80%以上，由此可见，酸沉降对茶园土壤酸化影响较为深远(程正芳等, 1994)。

3. 自然环境因素

土壤的风化作用较强，会产生大量的盐基离子。而油茶林大多生长在南方多雨地区，降雨量大，土壤中的镁、钙、钾等盐基离子在水力的作用下大量淋失，被土壤酸性阳离子(H^+、Al^{3+})取代，加之 NO_3^- 的淋失，从而导致土壤的酸化。因而，降雨量越大的地区越容易发生土壤酸化。

4. 成土母质

土壤自身性质对茶园土壤酸化作用有着重要的影响，不论是人为的施肥措施、环境恶化，还是茶树的自身代谢，均受土壤自身性质的制约(张倩, 2011; 罗敏等, 2006)。不同的成土母质、土壤质地、土壤交换性能、黏土矿物组成、有机质含量及土壤潜性酸大小等内在因素都对土壤酸缓冲能力有影响。由花岗岩风化而形成的土壤较石灰岩、页岩风化形成的土壤更易发生酸化，在土壤风化过程中产生的 H_2SiO_3 和 H_2SO_4 等使得土壤酸化，高温和酸雨一定程度上能加速风化作用，促进土壤酸化。

5. 土地利用

20 世纪 80 年代，Overrein 等(1982)曾指出，连续的植被演替和土地利用方式的改变会导致土壤的酸化。Krug 和 Frink(1983)的研究表明，土壤酸化受植被的影响，而扰动后生长起来的植被也会导致土壤的表层酸化。农业生产中轮作、施肥方式、不合理的灌溉方式均会对土壤酸化产生影响(李爽等, 2012)。

范庆锋等(2009)通过对保护地的研究发现，建成蔬菜栽培保护地后，保护地的酸化明显加重，土壤交换性酸(交换性 Al^{3+}、H^{+})含量呈现上升的趋势，保护地土壤 pH 随着交换性酸含量增多而降低。而且，Al^{3+}在交换性酸离子所占的比例随着交换性酸的增大而增大，与土壤有机质含量呈负相关，H^{+}在交换性酸中占比与 Al^{3+}相反(范庆锋, 2009)。

4.4　油茶林土壤酸化及氮循环

4.4.1　油茶林土壤酸化管理

1. 缓解酸沉降

酸雨是指 pH 小于 5.6 的雨、雪等形式的降水。酸雨属于酸性沉降中的湿沉降，是空气中的气体或颗粒污染物随着雨、雪、雾等形态直接降落到地面，会对土壤酸化产生直接的影响。酸雨的产生主要缘于人类生产活动向大气中排放的酸性物质。对酸雨的控制应从来源着手：一方面，在油茶林周边一定范围内设置农林用地红线，禁止大规模的工业生产及大型的畜牧养殖产业进驻，避免生产排放的废气随雨水进入油茶林土壤，导致酸化效应，同时改进汽车尾气排放装置，减少 SO_2 及 NO_x 的排放；另一方面，从油茶林入手，对于酸雨严重的地区，可以通过种植吸收 SO_2 及 NO_x 等的植物来减少大气中酸雨成分的来源。

2. 施肥与改良

施用化肥在一定程度上可迅速提高土壤的养分水平，而不合理地施用化肥，对于土壤结构和性质都会产生强烈的影响。我国油茶产业普遍存在施肥不合理的情况，化肥的不合理使用及有机肥的缺乏是造成土壤酸化的重要原因。

由此可见，平衡合理的施肥是保持土壤中元素平衡的重中之重，油茶林的化肥施用应以元素的均衡施用为原则，以此来平衡土壤养分结构，维持土壤酸碱度。此外，施入土壤肥料的品种尽量避免品种单一，各种不同形态肥料搭配施用效果更佳。在实际生产中，最好是根据土壤特点和植物吸收养分的特性，进行不同肥料的配施，对防止土壤酸化及缓解酸化进程等均具有重要意义。

对于土壤酸化持续加重、土壤 pH 在 4 以下的油茶林，应采取化学改良措施对土壤酸化进行调节。

在酸化土壤中施入石灰等碱性物质以改良农田土壤酸度是土壤酸化地区的一项传统农业措施，一般 7.2 kg 的碳酸钙能中和 1 kg 铵态氮导致的土壤酸化。在施用石灰改良土壤酸度时，对茶树品质和产量的提升不明显。如果石灰施用不当，会致使钙、镁等土壤养分平衡破坏，进而影响作物生长和产品的品质。而采用白云石粉（$MgCO_3$+$CaCO_3$）效果较好，在改善油茶林土壤 pH 的同时保持土壤钙、镁养分平衡（廖万有, 1998），对于提高油茶产量和品质具有积极作用。在油茶林土壤酸化改良实践中，以 pH 4.5 为基准，可每公顷施用过 100 目筛的白云石粉 225 kg，在秋冬季节与基肥配合施用，根据土壤实际情况把握施用次数。此外，农用矿物如天然沸石、石灰石等也能够改善土壤酸度，提升土壤有机质含量（朱江, 1999）。陈燕霞等（2009）通过室内培养实验研究了石灰、沸石、石灰+沸石对土壤酸化的改良效果，结果表明，单施石灰和石灰与沸石混用均能改善土壤酸化，显著地减低了土壤中交换性铝元素的含量（陈燕霞等, 2009）。

对于土壤酸化严重的油茶林，为防止土壤酸化继续加重，应施用生理中性和碱性肥，如硝酸钾、钙镁磷肥及磷矿粉等。在施入草木灰、硝酸钾时，油茶吸收其中阴离子多于阳离子，使得较多的盐基离子残留在土壤中，进而提高了土壤酸性缓冲能力，潜在提高了土壤 pH。氨碱法生产纯碱残留的废渣就是碱渣，已有研究表明使用碱渣可以有效降低土壤酸度（李九玉等, 2009）。现阶段碱渣主要用于改善农田土壤的酸化现象，关于茶园的研究表明，施用碱渣可以显著提高土壤的 pH，降低土壤交换性酸和交换性铝含量，并使土壤中镁、钙等养分得以保持合理的比例（王辉等, 2011）。此外，施用碱渣可以有效地提高茶叶品质，茶叶中的咖啡碱、茶多酚、叶绿素、儿茶素等均显著升高（王辉等, 2011）。虽然施用碱渣在油茶林未见报道，但是碱渣含有大量的氧化钙和氧化镁等（Li et al., 2010），应该可以代替白云石用以改善油茶林的土壤酸度。

有机肥一般包含各种土杂肥、堆肥和厩肥等，自身呈现中性或碱性，施用到酸化的土壤中，尤其是油茶园土壤，将对缓解土壤酸化起到重要作用。同时，有机肥对改善土壤理化性质、提高土壤孔隙度、减少盐基离子的淋失具有重要意义（毛佳等, 2009）。此外，各种有机肥一般都含有较丰富的盐基元素，可以补充茶园盐基物质因淋失导致的不足，在一定程度上缓解土壤酸化。另外，有机肥分解、合成的腐殖质会与土壤中的矿质元素结合，形成有机-无机复合胶体，进一步起到缓冲土壤酸化的作用（赖飞等, 2012）。有机肥中的有机酸与其盐所形成的络合体也具有很强的缓冲土壤酸化能力。有机肥作为基肥在油茶地上部分生长停滞或封园停产之后（秋末冬初）施用最佳。

生物质炭指的是在厌氧或无氧的条件下对生物质进行热裂解，产生的富碳固体物质（Deng et al., 2020a）。常用的生物质材料来源广泛，如绿豆秸秆、玉米秸秆、花生秸秆、大豆秸秆、水稻糠、稻草、小麦秸秆、蚕豆秸秆等均可以作为生物质炭的材料（毛佳, 2009）。越来越多的研究发现，生物质炭对于酸性土壤的改良、酸性土壤盐基离子饱和度、酸性土壤肥力、酸性土壤中的营养元素，以及酸性土壤中作物的生长及产量具有显著的作用(徐仁扣, 2016)。

生物质炭具有较高的 pH，对于油茶林土壤酸化现象，可以通过添加生物质炭得以缓解(Deng et al., 2019a)。有研究表明，采用生物质炭改良后土壤 pH 与生物质炭总碱含量进行相关性分析，结果达到了显著相关关系，表明生物质炭对土壤酸度的改良取决于生物质炭的总碱含量(Yuan and Xu, 2011)。Yuan 和 Xu(2011)研究发现，由豆科植物制备的生物质炭的总碱含量显著高于其他种类植物制备的生物质炭，在酸性红壤地区豆科植物制备的生物质炭对土壤的改良效果更佳。

铝毒是限制作物生长的主要因素，当土壤中的铝超过一定浓度时，就会对植物的生长产生限制甚至是毒害作用。通过向土壤中施入生物质炭，提高土壤的 pH，土壤中的活性铝会发生水解作用，转换成羟基铝并部分形成铝的氢氧化物或氧化物沉淀。此外，生物质炭表面的含氧官能团能与活性铝形成稳定的配合物，使土壤的活性铝转化成活性较低的有机态络合物。

生物质炭对酸性土壤交换性铝和盐基的平衡有着积极的作用，含有较丰富的钙、镁、钾等盐基离子。在生物质炭进入土壤后，生物质炭所含的盐基离子会与土壤中的活性铝发生交换反应，以此来减少土壤中活性铝的含量，增加土壤盐基阳离子含量，使得土壤盐基性养分含量和土壤的肥力水平得以提升，减少铝对植物的毒害作用。

土壤酸化地区由于有机质含量和土壤矿物的阳离子交换量(cation exchange capacity)较低，不利于农业的持续发展。由有机物质制成的生物质炭含有丰富的营养元素，在土壤中施用可以有效地提高土壤的肥力。有研究显示，生物质炭中养分元素的含量与其原始物料呈正相关(Alexis et al., 2007)，因此可以在生物质炭原料选择的过程中选择养分含量较高的有机物质作为生物质炭的原料。生物质炭的阳离子交换量是酸性土壤的 10～20 倍，在改良油茶林土壤酸化问题时可以通过施用生物质炭来提高土壤盐基离子的含量，进而提高土壤的保肥能力。Chen 等(2015)研究发现生物质炭具有较高的表面积和孔隙度，可以增强土壤的保水能力，进而减少土壤养分的淋失。

油茶林多处于热带、亚热带多雨地区，土壤氮素易在雨水的淋洗下淋失，施用生物质炭将有利于提高土壤保氮能力。生物质炭施用可以提高土壤对 NH_4^+的保持能力，其表面大量的含氧官能团、多孔结构、大量的负电荷及较高的比表面积，使得其对 NH_4^+具有较高的吸附能力，减少氮素的流失。同时，生物质炭的吸附能力能够减缓硝化作用速率，限制了氮素以气体的形式流失。生物质炭的多孔结构一方面可以提高土壤的保水能力，减少硝态氮形式的氮素流失；另一方面可以为微生物群落提供活动场所，促进固氮微生物群落的发展，从而增强了土壤微生物的固氮能力。

磷元素是限制油茶林生产力提升的主要限制元素之一，在酸性土壤中磷元素的有效性低。土壤中的磷主要来源于土壤母质，是由磷灰石等矿物岩石长期风化而来的，迁移率低，易被固定。酸性土壤中铁、铝等活性元素易与磷元素形成难溶解的铁磷和铝磷，甚至有效性更低的闭蓄态磷。铁、铝与磷元素的固定程度取决于土壤 pH，pH 越低，越易发生固定。因此添加生物质炭可以降低磷元素的固定量，加之生物质炭本身具有较高含量的磷，一次施加生物质炭可以直接和间接地提高土壤磷素水平，利于油茶林生产。

生物质炭表面丰富的芳香环结构和多空隙的表面特征可以提供给微生物更多理想生存空间，并可以调控土壤理化性质(苏有健等, 2018)。生物质炭对酸性土壤中的微量元素也有影响。一方面，生物质炭自身含有一定量的微量元素，可以直接补充到土壤中；另一方面，部分微量元素在酸性环境下易被土壤吸附和固定，造成元素的有效性和可利用性较低的现象，如钼和硼。尽管生物质炭在农业中的利用研究才刚兴起，已有许多研究表明生物质炭施用将有效提升土壤质量，改善土壤环境。

油茶林土壤酸化防治要对油茶园土壤定期监测，及时了解油茶林土壤的酸度变化，是对油茶林土壤进行有效酸化改良的基础。在对油茶林土壤酸度变化监测的基础上，对不同的酸度采取不同的方法加以改良。由于油茶林土壤是不均一的土壤复合体，不同分布区、不同时期土壤 pH 差异较大，在进行油茶林土壤酸化监测过程中应该做到定时、定点、定位三个方面，对油茶林土壤 pH 做到精确有效监测，进而加以有效改良。

4.4.2　酸性土壤氮循环

1. 土壤氮转化

土壤氮素主要来源包括：化学肥料及有机肥料的施用，植物、动物残体的氮素归还，生物固氮，降雨、雷电等导致的氮输入。土壤中的氮素可分为有机氮和无机氮，有机氮按照溶解度大小和水解程度的难易可分为水溶性有机氮、水解性有机氮及非水解性有机氮。有机氮一般在酸碱条件下不能水解，而在微生物的作用下分解矿化。无机氮主要分为铵态氮和硝态氮，它们都是水溶性的，植物可以直接吸收利用。此外，还有无机态亚硝态氮。土壤氮转化主要包括以下过程。

1) 有机氮的矿化作用

有机氮的矿化作用指的是在微生物的作用下，土壤中含氮有机质分解形成氨的过程。

2) 土壤中黏土矿物质对 NH_4^+的固定

土壤黏土对 NH_4^+的固定作用主要包括吸附固定和晶格固定。吸附固定是由于土壤胶体的吸附，使得黏土矿物所带的负电荷具有对 NH_4^+的吸附作用。晶格固定指的是由于 NH_4^+进入膨胀性黏土矿物的晶层从而被固定。

3) 氨挥发

氨的挥发作用指的是在碱性或者中性的条件下，土壤中的 NH_4^+转化为氨进而挥发的现象。

4) 硝化作用

硝化作用指的是在通气状况良好的情况下，土壤中的 NH_4^+在微生物的作用下氧化成硝酸盐，最终形成硝酸根的过程(图 4-1)。硝化作用可由自养型细菌分阶段完成。第一阶段是亚硝化阶段，是由铵氧化成亚硝酸根离子的阶段。参与第一阶段的是亚硝化肢杆菌属、亚硝化毛杆菌属、亚硝化螺菌属、亚硝化囊杆菌属及亚硝化球菌属等 5 种亚硝酸细菌。其中，占主导地位的是亚硝化毛杆菌属。第二阶段是由亚硝酸根离子氧化成硝酸根离子阶段。参加硝化阶段的细菌主要为硝酸刺菌属、硝酸细菌属及硝酸球菌属 3 个属的硝酸细菌。其中，活跃硝酸细菌和维氏硝酸细菌是最为常见的硝酸细菌属。除了自养微生物以外，土壤中含有大量的异养微生物，虽然异养微生物的硝化能力较自养型弱，但是在土壤中的数量很多，这使得它们在酸性土壤的硝化过程中扮演着重要角色(Huygens et al., 2008)。

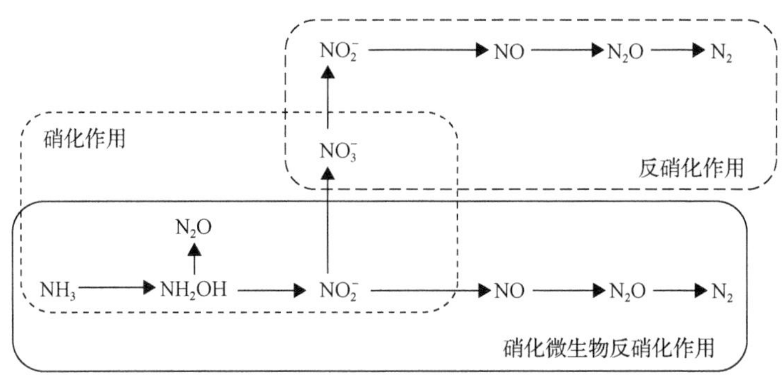

图 4-1　土壤中氮素的转化过程(Wrage et al., 2001; Bremner, 1997)

影响土壤硝化作用的因素主要有环境因素(pH、水分和氧气含量、温度、底物和产物等)、生态因素(生物的拮抗作用、对 NH_4^+的竞争等)、人为因素(农药残留、重金属毒害及特定抑制剂等)。土壤中硝化作用适宜 pH 为 6.4～8.3。De Boer 和 Kowalchuk(2001)研究表明，当 pH＜4 时，土壤的硝化作用很低。进一步的研究发现，酸性土壤不仅硝化作用很强，而且酸性茶园土壤中还存在自养硝化细菌(Walker and Wickramasinghe, 1979)。Hayatsu 等(2008)研究证实，酸性土壤的硝化作用发生的 pH 最低为 2.9，另有研究表明酸性茶园的土壤净硝化作用显著大于林地和撂荒地(薛冬等，2007)。硝化作用可以为喜硝植物的生长发育提供有效的氮素，然而，在降雨量大的地区，硝化作用形成的硝酸根易随水流失。油茶林土壤的硝化作用是油茶土壤氮循环关键性的步骤，影响着外源氮肥的转化，会导致水体富营养化、土壤酸化、温室气体氧化亚氮排放等大量的环境问题。

5) 反硝化作用(脱氮作用)

反硝化作用是指在微生物的作用下，将 NO_3^-逐步还原为 N_2O 等中间产物，最终还原为 N_2 的过程，是活性氮以氮气的形式返回大气的生物化学过程(图 4-1)。反硝化作用在土壤、江河、湖泊中均可以进行。细菌反硝化作用涉及多种酶参与，包括硝酸和亚硝酸还原酶、氧化氮和氧化亚氮还原酶等。参与编码的基因包括 *Nar*、*Nir*、*Nor* 及 *Nos* 等功能性基因。反硝化作用中 NO_2^-转变为 NO 的过程最为关键(Knowles, 1982)。厌氧反硝化细菌包括红螺菌科、产碱杆菌属、假单胞菌属和硝化细菌科等。此外，土壤中还存在着一些好氧反硝化细菌。好氧反硝化细菌含有不被氧气抑制的同质硝酸还原酶，具备利用氧气和硝酸盐作为电子受体进行代谢的能力。这类细菌主要包括副球菌属(*Paracoccus*)、芽孢菌属(*Bacillus*)和产碱菌属(*Alcaligenes*)等。很长时间以来，真菌的反硝化作用未被认识。直到 Bollag 和 Tung(1972)在低氧的培养基中发现土壤真菌 *Fusarium oxysporum* 和 *F. solani* 还原了 NO_2^-，并且释放了 N_2O。随后有研究发现，真菌的担子菌门和子囊菌门中存在反硝化活性(Shoun et al., 1992)。随着研究的深入，真菌的反硝化功能被逐渐认识。反硝化真菌驱动着土壤反硝化作用，在厌氧和好氧环境下，反硝化真菌对 N_2O 释放的贡献较大。此外，部分古菌和放线菌也可以参与反硝化作用。Baggs(2011)研究发现，许多能够参与反硝化作用的真菌缺乏将 N_2O 还原成 N_2 的能力。在适宜真菌活动的酸性土壤中，真菌的反硝化作用对于 N_2O 具有较大的贡献。这是因为真菌含有真菌细胞色素 P450nor，具有一氧化氮还原作用，可以利用 NADH 或 NADPH 作为电子供体将 NO 还原成 N_2O，在厌氧呼吸中该系统主要在线粒体中，它的还原作用是细菌的 5 倍(Nakahara et al., 1993)。

目前，国内外针对油茶林土壤酸化及其氮转化的研究较少，相关机制和微生物机制尚不明确，限制了对集约型油茶林土壤氮转化过程的深入理解。

6) 无机氮的生物固定

无机氮的生物固定指的是土壤中的硝态氮和铵态氮在微生物或者植物体的同化作用下形成其组成部分而被暂时固定的现象。无机氮的生物固定一方面可以减缓土壤氮素的供应，另一方面可减少土壤中氮素的损失。

7) 硝酸盐的淋洗损失

硝酸根离子无法被土壤胶体吸附，过多的硝态氮易随降水和灌溉水流失，从而导致氮素的损失，造成水体的污染。

2. 土壤氮转化影响因素

土壤氮转化受土壤质地、温度、湿度、含氮量等多重因素的影响。此外，不同类型的土壤对氮转化的影响也不尽相同。

1) 水分和温度

土壤中氮素的转化是由微生物的活动引起的。而水分和温度影响着微生物的丰度和活性。换言之，温度和水分也影响着土壤中氮素的转化作用。以硝化作用为例，硝化细菌是好氧型微生物，其微生物活性受田间持水量的影响较大。在田间持水量为 60%时，土壤的硝化作用最为显著，而当田间持水量高于或低于 60%，土壤的硝化作用就会受到不同程度的抑制(Stark, 1996)。

2) pH

pH 的大小是影响土壤矿化作用的主要因素，这是因为低 pH 会抑制微生物的生长，从而抑制硝化作用或者反硝化作用的速率。在长期施肥导致土壤酸化较严重的土壤中施加石灰修复该土壤时，土壤的酸度得到了中和，土壤的硝化速率有了很大的提高(王梅和蒋先军, 2017)。由此看来，土壤的 pH 会影响土壤的氮转化。

3) 土壤质地

我国幅员辽阔，土壤的类型很多，不同类型的土壤硝化作用不尽相同。当影响氮转化作用的其他因素非主导因素时，质地较轻的土壤硝化作用较强。此外，由于土壤的质地不同，土壤间的阳离子交换量也有所不同。当阳离子交换量较大时，NH_4^+比较容易被吸附固定而不易被硝化。不同类型的土壤，也影响着土壤的水分含量、容重、透气性及氧化还原电位，可间接影响土壤氮转化。

4) 有机质

有机质可以为参与矿化作用的土壤微生物提供碳源和底物，促进土壤氮素的转化。有机质经过氨化作用可以为硝化作用提供铵态氮，间接促进氮素的转化。此外，不同土层的土壤有机质与硝化势呈正相关，以表层最高(范晓晖和朱兆良, 2002)。

5) 氮含量

无机氮中的铵态氮和硝态氮是硝化作用初始反应物和产物，硝态氮是反硝化作用初始反应物。初始反应物的含量高将会促进硝化和反硝化作用，而产物可能会起到抑制作用。

第 5 章　油茶林酸性土壤 N_2O 排放特征

5.1　土壤酸化与 N_2O 排放

5.1.1　土壤酸化及其成因

酸性土壤（pH＜5.5）作为主要的土壤类型之一，大约占据非冰大陆的 30%（39.50 亿 hm^2），其中森林和林地占据 67%，耕地土壤占据 4.5%（1.79 亿 hm^2）（von Uexküll and Mutert, 1995）。近年来，酸沉降、氮沉降加剧（Zheng et al., 2018; Zhu et al., 2016b）等环境变化，以及施氮肥（Guo et al., 2010）等管理措施是驱动土壤酸化的主要原因。据统计，1980～2000 年期间，中国作物土壤 pH 下降了 0.13～0.76（pH 7.10～8.80 的高碱性土壤无影响）（Guo et al., 2010）。例如，Li 等（2019）对中国四川 1981 年（214 个样本）到 2012 年（555 个样本）的表层土壤 pH 的调查结果显示了该区域的土壤 pH 下降了 0.30（从 7.10 下降到 6.80）。

土壤酸化可能与以下几个重要因素有关。①长期降雨引起的土壤 Ca^{2+}、Mg^{2+}、K^+、Na^+等碱基阳离子流失严重，使得土壤 pH 缓冲容量降低。另外，长期降雨引起土壤富铝、富铁化，会水解形成络合物，同时向土壤中释放 H^+。②植物吸收 NH_4^+会释放一个 H^+（与之相反，植物吸收 NO_3^-离子后会释放一个 OH^-，如 $NaNO_3$ 是碱性肥料）（图 5-1）（Matson et al., 1999）。③硝化过程（NH_4^+转化为 NO_3^-）会释放 $2H^+$（$NH_4^+ + 2O_2 \longrightarrow NO_3^- + H_2O + 2H^+$），导致土壤酸化加剧（图 5-1）（Matson et al., 1999）。④过度的 NH_4^+施用能置换土壤表面吸附的 Ca^{2+}、Mg^{2+}、K^+、Na^+等碱基阳离子并导致其被淋溶（图 5-1），使土壤 pH 缓冲容量降低（Matschonat and Matzner, 1996）。⑤根系分泌的有机酸（R—COOH）会水解产生一个 H^+，某些有机酸（如柠檬酸和苹果酸等）阴离子能与土壤中的 Al^{3+}发生螯合反应，用以排斥 Al^{3+}被根系吸收，从而缓解 Al^{3+}对植物生长的毒害（图 5-2）（Kochian et al., 2015; Delhaize et al., 1993; Hue et al., 1986）。⑥酸沉降（H^+以及 CO_2、SO_2 等水溶性酸性气体浓度增加）和 NH_4^+-N 沉降（类似于 NH_4^+-N 施肥）加剧（Zheng et al., 2018）。⑦土壤 NH_4^+水解生成 NH_3 气体排放，会消耗掉一个 OH^-（$NH_4^+ + OH^- = NH_3\uparrow + H_2O$）（Kunhikrishnan et al., 2016）。⑧森林采伐及其他土地利用方式引起的土壤表面有机物减少，会造成凋落物分解产生的 Ca^{2+}、Mg^{2+}、K^+、Na^+等碱基阳离子减少，最终导致表层土壤 pH 缓冲能力降低（Yue et al., 2016）。⑨植物（如油茶）富铝特性（Zeng et al., 2011）会引起叶片凋落物分解过程中表层土壤 Al^{3+}含量增加，最终通过置换土壤表面吸附的 Ca^{2+}、Mg^{2+}、K^+、Na^+等碱基阳离子并导致其被淋溶而使得表层土壤 pH 缓冲能力降低

（图 5-2）（Verstraeten et al., 2018）。⑩有机物中 S 的氧化，会释放 4 个 H^+（2Organic S+$3O_2$+$2H_2O \longrightarrow 2SO_4^{2-}+4H^+$）。⑪某些含 S 矿物质的氧化，如黄铁矿（$FeS_2$）的氧

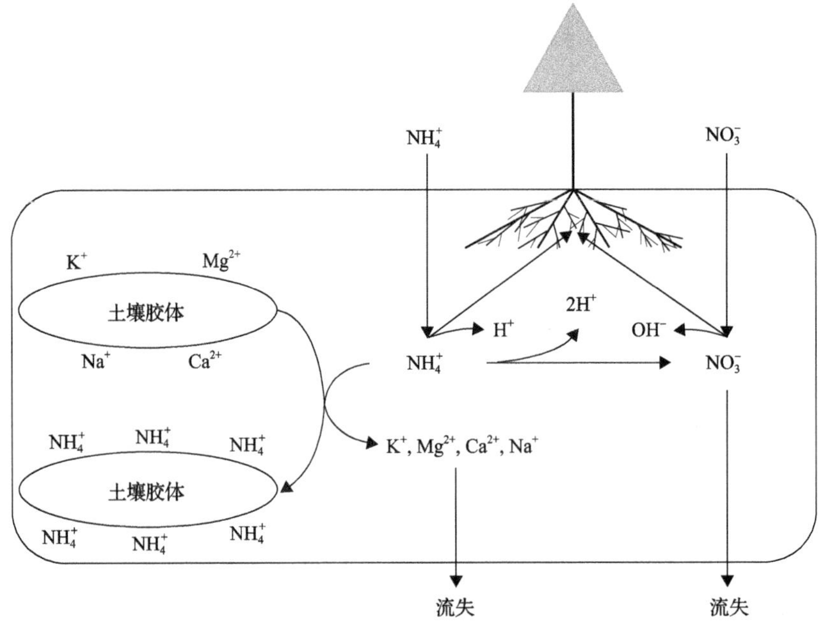

图 5-1　N 输入与植物 N 吸收对土壤 pH 的影响
（Matson et al., 1999; Matschonat and Matzner, 1996）

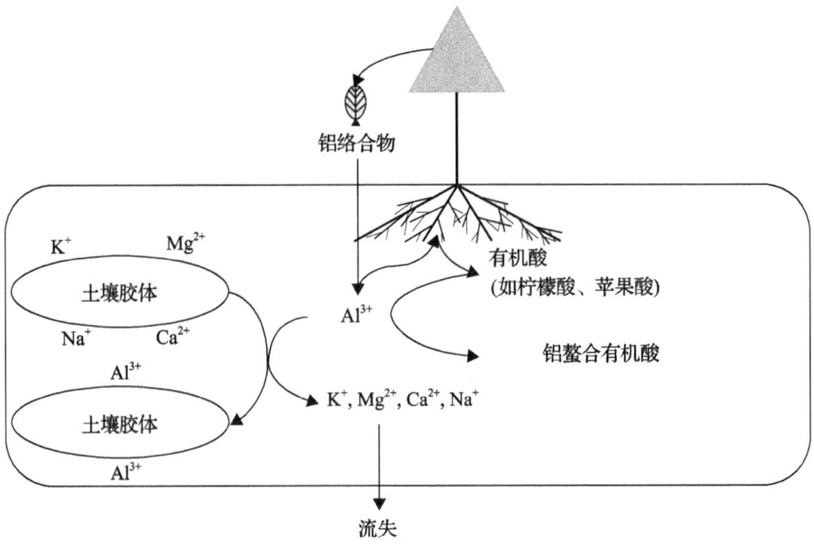

图 5-2　植物铝排斥和凋落物铝释放对土壤 pH 的影响
（Verstraeten et al., 2018; Kochian et al., 2015; Delhaize et al., 1993; Hue et al., 1986）

化会产生 $2H^+$（$2FeS_2+7O_2+2H_2O \longrightarrow 2Fe^{2+}+4SO_4^{2-}+4H^+$）。⑫ $Ca(H_2PO_4)_2$ 等酸性肥料会逐步释放 H^+，加剧土壤酸化[$Ca(H_2PO_4)_2 \longrightarrow CaHPO_4+H_3PO_4$，$H_3PO_4 \longrightarrow H^++H_2PO_4 \longrightarrow 2H^++HPO_4^{2-} \longrightarrow 3H^++PO_4^{3-}$]。

5.1.2　土壤酸化对 N_2O 排放的影响

随着人类活动的增加，尤其是持续地施氮肥，土壤酸化正面临着加剧的风险（Li et al., 2019; Tian and Niu, 2015; Guo et al., 2010）。江苏南部的宜兴市酸性茶园土壤，经过连续 6 年 600 kg Urea-N/(hm^2·年)施肥后，土壤 pH 显著降低（$P<0.05$，对照土壤 pH 5.1，施肥土壤 pH 4.9）(Cheng et al., 2015)。通过对 1104 个野外监测数据进行 Meta 分析，结果显示，土壤 N_2O 排放(y)与 pH(3.34～8.7)(x)呈现显著负相关($y=-0.67x+6.55$，$R=0.22$，$P<0.001$)，其中 pH 降低主要是由于施氮肥引起的(Wang et al., 2017a)。土壤酸化加剧可能会激发更多 N_2O 排放。基于 ^{15}N 示踪技术，二氧化硫沉降引起的土壤酸化会刺激土壤 N_2O 排放(Cai et al., 2012)。土壤酸化对 N_2O 排放的影响与机制较为复杂，主要包括但不局限于以下几点。

1) 土壤酸化具有增强 HNO_2 的化学分解风险

在 pH<5.5 的酸性条件下，NO_2^-(HNO_2，$pK_a=3.3$)会自然(化学反应)分解为 NO 和 NO_2($3HNO_2 \rightleftharpoons 2NO+HNO_3+H_2O$ 或者 $2HNO_2 \rightleftharpoons NO+NO_2+H_2O$)(Cleemput and Samater, 1995)。

2) 土壤酸化会改变微生物群落结构和活性

通常，氨氧化细菌在 pH 低于 5.5 时就很难生长；在 pH<4 时，硝化反应基本监测不到(De Boer and Kowalchuk, 2001)。但随着研究深入，发现氨氧化古菌却可以在强酸性(pH 4.2～4.47)等极端土壤环境下完成氨氧化过程(Zhang et al., 2012a)。研究表明，氨氧化细菌丰度与 pH 呈正相关关系($R^2=0.2807$，$P<0.01$)，但氨氧化古菌丰度与 pH 呈负相关关系($R^2=0.2141$，$P<0.01$)(Xiao et al., 2017)。基于 DNA 稳定同位素探针技术，表明酸性水稻土(pH 5.6)是氨氧化古菌占据主导，碱性土壤(pH 8.2)则是氨氧化细菌占据主导(Jiang et al., 2015)。研究表明，真菌是酸性土壤 N_2O 排放的主要微生物群落(Chen et al., 2014; Rütting et al., 2013)。例如，真菌反硝化占据了 70%的 100 年茶园土壤(pH 3.8) N_2O 排放(Huang et al., 2017)；随着 pH 降低，真菌相比于细菌对种植园(平均 pH 5.3)和自然演替(平均 pH 5.5)的土壤 N_2O 排放贡献持续增大(Chen et al., 2014)。

3) 长期土壤酸化会增强土壤微生物的耐酸性

对 21 个日本茶园的酸性土壤(pH 2.96～6.26，只有两个茶园土壤 pH 高于 5.5，分别为 6.26 和 6.18)研究表明，随着 pH 降低，土壤 N_2O 排放潜力却呈现上升趋势(Tokuda and Hayatsu, 2001)。类似地，在 100 年的茶园土壤中添加石灰，形成

3.71（对照）、5.11、6.19 和 7.41 共 4 个 pH 梯度，其中原始 pH（3.71）土壤在加 NO_3^--N（50 mg/kg、200 mg/kg、1000 mg/kg）的情况下都具有最高的土壤 N_2O 排放，且 *nosZ* 基因在 pH 3.71 的土壤中丰度最低（Huang et al., 2015b）。在野外，瑞典西南部的白桦树森林（东部为其他树种）土壤（pH 3.6～5.9）N_2O 排放与 pH 呈现显著负相关关系（N_2O-N=636.6*$e^{-0.8028*pH}$，$R=-0.93$，$P<0.01$）（Weslien et al., 2009）。这些研究结果表明，耐酸反硝化微生物可能已经适应了极酸环境，从而导致酸化土壤呈现出较高的 N_2O 排放。

4）土壤酸化影响微生物介导的 N_2O 产生和还原过程

在酸性土壤中，由于 N_2O 还原酶不能很好地发挥作用，导致 N_2O 排放较高（Bergaust et al., 2010）。研究证实，*nirS*、*nirK* 和 *nosZ* 基因丰度与 pH（4.0～8.0）呈现正相关关系，$N_2O/(N_2O+N_2)$ 却与 pH 呈现负相关关系（Liu et al., 2010）。Qu 等（2014）的研究结果表明，pH（3.7～8.0）与 $N_2O/(N_2O+N_2)$ 同样呈现较强的负相关关系（$R^2=0.759$，$P<0.001$）且石灰添加会降低 $N_2O/(N_2O+N_2)$ 比值。类似的，南北半球 13 个地区的不同 pH（5.57～7.06）土壤的调查结果显示，$N_2O/(N_2O+N_2)$ 的比率随着 pH 降低而增加（$R^2=0.82$）（Samad et al., 2016），$N_2O/(N_2O+N_2)$ 与 pH（4.0～8.0）呈现负相关关系（Liu et al., 2010）。Simek 和 Cooper（2002）收集的近 50 年来关于土壤 pH 对反硝化作用的研究文献表明，总体反硝化速率与土壤 pH 呈正相关关系（但也和其他变量有关），而土壤 pH 与反硝化产物 N_2O/N_2 呈现一贯的负相关关系。Raut 等（2012）在 7 个尼泊尔中部山区，选择了“传统农业”和“集约化农业”共 2 种经营模式下的土壤样品进行室内试验，结果表明，集约化经营会一贯地降低土壤 pH，并增加 $N_2O/(N_2O+N_2)$ 的比率。尽管不同 pH 下土壤 N_2O 无变化，但是 pH 7.67 条件下，土壤 $N_2O/(N_2O+N_2)$ 比率显著低于 pH 5.52 条件下（$P<0.05$）（Cuhel et al., 2010）。增加白云石剂量可以增加土壤 pH，可以增强 *nosZ* 基因转录，具有减轻酸性土壤中 N_2O 排放的潜力（Shaaban et al., 2018）。然而，由于乙炔抑制法的不适用及 ^{15}N 标记法的昂贵，导致至今仍缺乏一个有效的方法来定量原位 $N_2O/(N_2O+N_2)$ 的比例（Müller and CLough, 2014）。

综上所述，一定范围内，土壤酸化，尤其是氮肥施用引起的土壤酸化，会抑制还原 N_2O 气体相关的细菌活性，增加产 N_2O 真菌的比率，增加产 N_2O 微生物的耐酸性，增加 $N_2O/(N_2O+N_2)$ 的比值。此外，当 pH<5.5 时还会发生 NO_2^-的化学分解。

5.1.3 酸性土壤 N_2O 产生过程

氧化亚氮不仅是 21 世纪主要的臭氧层消耗物质（Uraguchi et al., 2009），而且还是一种重要的温室气体，尤其是其百年尺度上的增温潜势是二氧化碳（CO_2）的 265 倍（IPCC, 2014）。据世界气象组织发布的第 14 期《温室气体公报》报告，2016～

2017 年，通过实地网络监测的 N_2O 达到了 329.9±0.1 ppb[①]的新高，较工业化前(1750 年以前)水平(270 ppb)提高了 22%，较 2015～2016 年增加 0.9 ppb，大约相当于过去 10 年的平均增长率(0.93 ppb/年)(WMO, 2018)。

土壤 N_2O 产生的机制十分复杂，如果按照来源分类，微生物作用排放是土壤中 N_2O 主要来源，而微生物的排放作用主要是硝化作用及反硝化作用。同时，这两个作用是生态系统中氮素循环的重要环节，这两个过程都会一定程度地释放出 N_2O。由于土壤是一个连续整体，所有的反应和作用都不是机械静止的，硝化和反硝化作用会同时进行，并且受到其他因素的干扰。

1. *硝化作用*

这一过程一般包括自养硝化作用和异养硝化作用两类。一般来说，硝化作用必须于氧气充足条件下进行，自养硝化作用是指由化能自养硝化细菌在好氧条件下，利用 CO_2 将 NH_4^+氧化成 NO_2^-和 NO_3^-的地球生物化学过程。此过程由两个阶段构成：第一阶段是由 NH_4^+到 NO_2^-的氧化过程，中间产物为 NH_2OH(Wrage et al., 2005; Parton et al., 1996)，该过程需要在亚硝化细菌的参与下完成；第二阶段是将 NO_2^-氧化成 NO_3^-，这一过程相对亚硝化作用更快，需要在硝化细菌的作用下完成(孙志强等, 2010)。

一般而言，土壤 N_2O 排放过程中，自养硝化作用更为重要。然而，异养硝化菌在 pH 较低或土壤温度过高等不适宜其良好生长的“恶劣”条件下仍可以进行硝化作用，活性不会受到太大影响。异养硝化作用指将 NH_4^+或其他有机化合物氧化成 NO_2^-或 NO_3^-的过程，该过程由化能异养硝化细菌参与完成，需要在好氧条件下完成，并以有机碳作为反应底物。而 N_2O 在硝化过程中是以中间产物存在的。

2. *反硝化作用*

反硝化作用一般在嫌气或厌氧条件下进行，且要有足够的碳和氮作为反应底物，是指微生物将 NO_3^-或者 NO_2^-等离子还原成 NO 或者 N_2O 等温室气体的过程(Parton et al., 1996)。该过程需要特定的还原酶(硝酸盐还原酶、亚硝酸盐还原酶等)作用，最终产物为 N_2(Morley et al., 2008)。其具体过程如下(Parton et al., 1996)：

$$NO_3^- \rightarrow NO_2^- \rightarrow NO \rightarrow N_2O \rightarrow N_2$$

N_2O 排放主要来源于直接(农业、工业和生物质燃烧等)和间接(如淋溶、径流和大气沉降)的人类活动产生的活性氮(Reay et al., 2012)。据统计，在 21 世纪初，每年有 413 Tg 的活性氮向全球的陆地和海洋生态系统输入(其中，人为活动贡献了 210 Tg N/年)，共造成 18.5 Tg N_2O-N/年的排放(其中，人类活动贡献了 10 Tg N_2O-N/年)(Fowler et al., 2013)。

① 1 ppb=1×10^{-9}

土壤作为最主要的 N_2O 排放源，排放量高达 13 Tg N_2O-N/年(其中，人为活动贡献了 7 Tg N_2O-N/年)(Fowler et al., 2013)。通常，土壤 N_2O 的排放与氮输入存在直接的函数关系(Shcherbak et al., 2014)。例如，Meta 分析表明水稻、小麦和玉米的 N_2O 排放量分别为施氮量的 0.68%、1.21%和 1.06%(Linquist et al., 2012a)。人为的氮源输入可以是化学合成肥料，也可以是有机改良肥料(如肥料、堆肥)。据统计，人为活动一共提供了大约 120 Tg N/年的氮肥输入(Fowler et al., 2013)。因此，土壤 N_2O 的高排放主要归功于氮肥的大量使用(Syakila and Kroeze, 2011)。

在中国，旱地农作物土壤的平均 N_2O 排放量大约是(0.92±0.12) kg N_2O-N/(hm^2·年)[冷温带：(0.60±0.26) kg N_2O-N/(hm^2·年)；中温带：(0.90±0.22) kg N_2O-N/(hm^2·年)；温带：(0.61±0.18) kg N_2O-N/(hm^2·年)；北亚热带：(1.07±0.24) kg N_2O-N/(hm^2·年)；中亚热带：(0.78±0.07) kg N_2O-N/(hm^2·年)；南亚热带：(1.55±0.75) kg N_2O-N/(hm^2·年)]。水稻田土壤的平均 N_2O 排放量大约是(0.43±0.07) kg N_2O-N/(hm^2·年)[温带：(0.62±0.58) kg N_2O-N/(hm^2·年)；北亚热带：(0.46±0.09) kg N_2O-N/(hm^2·年)；中亚热带：(0.55±0.13) kg N_2O-N/(hm^2·年)]。玉米、小麦、包菜、芹菜、黄瓜、油菜籽、番茄和大豆的平均 N_2O 排放量分别是(0.63±0.09) kg N_2O-N/(hm^2·年)、(0.63±0.16) kg N_2O-N/(hm^2·年)、(1.9±0.69) kg N_2O-N/(hm^2·年)、(2.6±0.74) kg N_2O-N/(hm^2·年)、(0.82±0.38) kg N_2O-N/(hm^2·年)、(0.3±0.14) kg N_2O-N/(hm^2·年)、(1.75±0.85) kg N_2O-N/(hm^2·年)和(1.25±0.62) kg N_2O-N/(hm^2·年)(Aliyu et al., 2019)。

5.2 油茶林酸性土壤 N_2O 排放

5.2.1 油茶林酸性土壤 N_2O 排放特征

油茶是我国酸性或强酸性地区典型的喜酸性经济植物，最适宜 pH 为 5.5～6.5(束庆龙, 2013)。油茶(*Camellia oleifera* Abel.)与椰子、油橄榄和油棕并称为世界四大木本食用油料树种，是原产于我国亚热带地区的乡土树种，在我国栽培及食用历史悠久(姚小华等, 2011)。油茶是多年生常绿小乔木或灌木，具有花果同期的生理特性。茶油含有 67.7%～76.7%的油酸、82%～84%的不饱和脂肪酸、68%～77%的单不饱和脂肪酸和 7%～14%的多不饱和脂肪酸(Ma et al., 2011)，具有抗氧化特性(Lee and Yen, 2006)和脂溶性的维生素 A、E、K 等(姚小华等, 2011)，被称为“东方橄榄油”(Dong et al., 2017)。茶枯含有丰富的蛋白质(40%～50%)和氮、磷、钾(含量分别为 1.99%、0.54%、2.33%)，是优良的蛋白质饲料和有机肥，还可用于生产洗涤剂和生物农药。油茶壳含有丰富的木质素和多缩戊糖，可用于制备活性炭，提取的糠醛、木糖醇等还可用于生产栲胶和合成橡胶(姚小华等, 2011)。油茶耐贫瘠且适应范围广，常用于绿化荒山，保持水土。此外，油茶不占用常规耕地，具有一次种植多年收益的特点，为我国南方丘陵岗地重要的经济树种。据统计，全国油茶面积约有 447 万 hm^2，第一分布大省为湖南省，约有 141 万 hm^2，年产茶油 26 万 t；第二江西省约有栽培面积 104 万 hm^2，年产茶油 20 万 t。MaxEnt 系统预测，我国最适宜种植油茶的区域仅有 4.94%(46.1 万 km^2)，中度适宜的区域为 8.25%，低适宜级的区域为 7.97%。湖南、江西、浙江、海南、湖北东部、安徽西南部和广东大部分地区是油茶的主要产区，广西、福建、贵州东部、湖南西北部、湖北南部和安徽南部等地是油茶的中度产区，云南和重庆部分地区、四川东部、安徽中部、山西南部、河南和江苏是油茶的潜在生长区(Liu et al., 2018)。因此，油茶是生态和经济效益兼备的优良树种，大力推广并发展油茶产业对我国食用油安全、国民膳食健康、水土保持、森林覆盖率提升及国土资源高效利用意义重大。

油茶林种植区域水热条件高，土壤酸化现象明显且养分贫瘠现象明显，其中有机质和有效磷含量低(Liu et al., 2017)，是限制油茶产量的主要因素。文献数据显示，油茶主要产区的土壤有机质含量为 12.9～27.5 g/kg，pH 4.30～5.00，全氮 0.41～1.25 g/kg，全磷 0.11～0.35 g/kg，全钾 12.24～24.82 g/kg，有效氮 58.33～124.60mg/kg，有效磷 2.51～7.56 mg/kg，有效钾 33.27～68.51 mg/kg(Liu et al., 2018)，这与本团队调查研究的油茶林土壤背景结果接近(表 5-1)。此外，地势环境起伏大小(Tu et al., 2019)也是影响油茶产量的重要环境因素。

表 5-1　油茶林土壤理化特征(平均值±标准误) (Deng et al., 2019b)

理化指标	pH	NH_4^+-N /(mg/kg)	NO_3^--N /(mg/kg)	AP /(mg/kg)	TOC /(g/kg)	TN /(g/kg)	TP /(g/kg)	DOC /(g/kg)	DON /(mg/kg)
土壤	4.45±0.00	7.82±0.08	6.07±0.05	3.02±0.18	10.86±0.36	1.11±0.01	0.15±0.40	0.28±0.00	39.46±0.56

注：AP，有效磷；TOC，土壤全碳；TN，全氮；TP，全磷；DOC，可溶性有机碳；DON，可溶性有机氮。

相比于油茶的生长环境，经营方式也是影响油茶产量的主要因素。相比于集约化经营，传统经营的油茶林管理粗放，油茶生长缓慢，林地荒芜，导致油茶低产。虽然施肥作为集约经营的主要措施有效提高了油茶生产水平和经济学效益，但大量的氮肥不合理施用，造成土壤氮淋溶和气态氮(N_2O、NO、NH_3 等)损失增加(Martins et al., 2017)，容易引起水体富营养化及气候变暖等生态环境问题。近年来，在我国亚热带地区酸沉降日趋严重，长期的氮肥(特别是 NH_4^+-N 肥)添加会加速土壤酸化(Krapfl et al., 2016)，造成土壤肥力下降，加重土壤铝、锰毒害，危害油茶生长，使油茶减产，农民减收，严重制约着集约经营油茶产业可持续发展。

热带、亚热带和温带地区是酸性土壤的主要分布区域(Bian et al., 2013)。与此同时，该区域也是主要的粮食产区，由于氮肥的高投入而具有较高的 N_2O 排放量(其中，我国亚热带酸性土壤是 N_2O 排放的重要区域)(Gerber et al., 2016)。

日本 Saitama 市茶园土壤(pH 3.1～5.4)，在传统施肥[450 kg N/(hm^2·年)]条件下，N_2O 排放量为(5.3±1.2) kg N_2O/hm^2(366 天)(Yamamoto et al., 2014)。日本静冈市茶园土壤(pH 3.4)，在氮施肥[510 kg N/(hm^2·年)]条件下，2008 年和 2009 年土壤 N_2O 排放量分别为 10.6 kg N_2O/(hm^2·年)和 14.8 kg N_2O/(hm^2·年)(Hirono and Nonaka, 2012)。中国湖北房县茶园土壤(pH 5.0±0.1)，在对照、尿素(Urea)施肥[450 kg N/(hm^2·年)]和有机施肥[油饼，7.1% N，相当于 450 kg N/(hm^2·年)]的情况下，2012～2014 年期间土壤 N_2O 排放量分别为(4.1±0.1) kg N_2O-N/(hm^2·年)、(17.8±2.5) kg N_2O-N/(hm^2·年)和(30.4±0.9) kg N_2O-N/(hm^2·年)(Yao et al., 2015)。在 300 kg N/(hm^2·年)(pH 3.89±0.03)、600 kg N/(hm^2·年)(pH 3.43±0.04)和 900 kg N/(hm^2·年)(pH 3.32±0.07)情况下，中国杭州茶园土壤的 N_2O 排放量分别为(4.28±2.51) kg N_2O-N/(hm^2·年)、(11.78±3.92) kg N_2O-N/(hm^2·年)和(30.93±4.88) kg N_2O-N/(hm^2·年)(Han et al., 2013)。

瑞典西南部的 *Betula pendula* Roth 森林(东部为其他树种)土壤(pH 3.6～5.9) N_2O 平均排放量为(19.4±6.7) kg N_2O-N/(hm^2·年)，且与 pH 呈现显著负相关(R=−0.93，$N_2O\text{-}N=636.6*e^{-0.8028*pH}$，$P$<0.01)(Weslien et al., 2009)。中国杭州森林(pH 4.01，未指明具体群落)土壤的 N_2O 排放量为(2.73±1.95) kg N_2O-N/(hm^2·年)(Han et al., 2013)。

我国南方酸性红壤丘陵地区的果园(pH 5.0～5.4)土壤在施肥[176 kg N/(hm^2·年)]和不施肥的情况下，每年的 N_2O 排放量分别为(12.24±1.49) kg N_2O-N/hm^2 和(9.03±0.61) kg N_2O-N/hm^2(Wu et al., 2017a)。我国安徽咸宁的不同土地利用类型的酸性土壤，水稻土(pH 5.11)、果园(pH 5.07)、森林(pH 5.02)和山地(pH 5.15)的 N_2O 排放量分别为 2.21 kg N_2O-N/(hm^2·年)、1.40 kg N_2O-N/ (hm^2·年)、0.71 kg N_2O-N/(hm^2·年)和 1.24 kg N_2O-N/(hm^2·年)(Lin et al., 2012)。

在对照(不施肥)情况下，我国南京蔬菜基地(3 种蔬菜轮作：番茄 *Solanum lycopersicum*、大白菜 *Brassica chinensis* 和毛豆 *Glycine max*；pH 5.5)，番茄(190 天)、大白菜(65 天)和毛豆(98 天)种植期间的土壤 N_2O 排放量分别为(1.09±0.17) kg N_2O-N/hm^2、(0.62±0.002) kg N_2O-N/hm^2 和(2.71±0.26) kg N_2O-N/hm^2；420 N/hm^2、640 N/hm^2、840 N/hm^2 的累积氮施肥(353 天)分别造成(12.45±1.27) kg N_2O-N/hm^2、(14.07±1.42) kg N_2O-N/hm^2 和(16.47±2.04) kg N_2O-N/hm^2 的土壤 N_2O 排放(Zhang et al., 2016b)。

我国云南西双版纳橡胶种植园(pH 5.07)，在不施肥和施肥[75 kg N/(hm^2·年)]情况下，其土壤 N_2O 排放量分别为 2.5 kg N_2O-N/(hm^2·年)和 4.0 kg N_2O-N/(hm^2·年)(Zhou et al., 2016)。我国湖北省武穴市水稻田(pH 5.18)，在对照(不施肥)、化学氮肥(底肥：90 kg N/hm^2+91 kg Urea-N/hm^2)、有机氮肥(底肥：180 kg N/hm^2+91 kg Urea-N/hm^2)、“50%缓释氮肥+50%化学氮肥”(底肥：88 kg N/hm^2+91 kg

Urea-N/hm^2）和“50%有机氮肥+50%化学氮肥”（底肥：90 kg N/hm^2 91 kg Urea-N/hm^2）的情况下（2014 年 6 月 2 日到 2015 年 5 月 29 日期间），其土壤 N_2O 排放量分别为 0.76 kg N_2O-N/hm^2、2.01 kg N_2O-N/hm^2、1.75 kg N_2O-N/hm^2、1.47 kg N_2O-N/hm^2 和 2.67 kg N_2O-N/hm^2（Zhang et al., 2016c）。我国广东省鼎湖山自然保护区老龄林（pH 3.9）、阔叶林-松林混合幼龄林（pH 4.0）、松林幼龄林（pH 4.0），在不施肥情况下，其土壤平均 N_2O 排放速率分别为（14.0±0.7）μg N_2O-N/（m^2·h）、（9.9±0.4）μg N_2O-N/（m^2·h）、（10.9±0.5）μg N_2O-N/（m^2·h）（Zheng et al., 2016）。我国海南儋州市香蕉种植园（pH 5.33），在不施肥和施肥（519 kg Urea-N/hm^2）情况下（2010 年 4 月 18 日至 2011 年 1 月 22 日），其土壤 N_2O 排放量分别为（0.85±0.81）kg N_2O-N/hm^2 和（12.8±4.39）kg N_2O-N/hm^2（Zhu et al., 2015）。

在全球酸化背景下，油茶林土壤也面临着潜在的酸化风险。油茶林土壤酸化，可能会抑制反硝化细菌还原 N_2O 的活性，增加产 N_2O 真菌的比率，增加产 N_2O 微生物的耐酸性，增加 N_2O/（N_2O+N_2）的比值。此外，当 pH＜5.5 时还会发生 NO_2^- 的化学分解。因此，潜在的土壤酸化将有可能增强土壤 N_2O 排放，尤其是施氮肥引起的土壤酸化。

本研究团队率先完成了对油茶林土壤 N_2O 排放的原位观测研究。野外连续观测的结果表明，油茶林对照或无施肥情况下，土壤累积 N_2O 排放量约为（0.28±0.14）kg N_2O-N/（hm^2·年）；400 kg NH_4NO_3-N/hm^2 施肥条件下，土壤 N_2O 排放量约为（1.13±0.18）kg N_2O-N/（hm^2·年）[但实际施肥以穴施肥为主，按照 2.5 m×2.5 m 株行间距，在油茶滴水线内的 0.5 m^2 范围内进行施肥，施肥土壤 N_2O 实际排放量约为 0.35 kg N_2O-N/（hm^2·年）]。相比于 Li 等（2016）对中国、印度和日本等地茶园土壤的综述结果[1.4～73.2 kg N_2O-N/（hm^2·年）]，短期观测结果表明，油茶林土壤 N_2O 排放在数值上略低于茶园土，油茶林作为重要的经济林，土壤 N_2O 排放更接近于森林土壤[0.71 kg N_2O-N/（hm^2·年）]（Lin et al., 2012），而最终排放量仍需要更多观测站点和更长时间尺度来估算。

5.2.2　油茶林酸性土壤 N_2O 排放影响因素

土壤 N_2O 排放受土壤环境，如湿度、温度、氧气（O_2）含量和 pH 等因素的影响（Oertel et al., 2016; Butterbach-Bahl et al., 2013）。土壤湿度是影响土壤 N_2O 排放的主要因素。在较高的土壤湿度下，土壤含氧量相对较低，反硝化的最终产物主要是 N_2（Pauleta et al., 2013）。例如，土壤孔隙含水量（WFPS）在 60%～70%的时候，N_2O 排放达到最高（Davidson et al., 2000），但该结果受土壤类型的影响。油菜—水稻轮作土壤的室内培养研究表明，60% WFPS 的 N_2O 排放显著高于淹水条件下的 N_2O 排放（$P<0.05$）（Shaaban et al., 2018）。

多项研究表明，土壤水分在土壤 N_2O 形成和排放方面具有重要的影响，且其作用存在多种不确定性(Wrage et al., 2001)。一方面，水分会影响土壤养分的有效性和空间分布；另一方面，水分会通过充满土壤孔隙，进而影响土壤的氧气分布情况。对于稻田土壤的研究表明，在土壤含水量和持水量相等时，土壤 N_2O 排放量最大(Yan et al., 2000)。

国际上通常认为农田 N_2O 排放主要集中于旱地，而水分对旱地土壤 N_2O 的排放的影响主要集中于降水。降水是一个动态过程，雨水不断充填土壤中的各种孔隙，逐渐造成并加剧土壤形成厌氧环境。在这一过程中，降雨初期或未降雨时，土壤含水量较低，土壤氧气条件较好，此时主要是硝化作用。N_2O 在这种情况下只是作为中间产物，因而其排放量相对较少。然而，当降水量不断增加时，土壤湿度逐步升高，达到 75% WFPS 之前，土壤通气条件逐渐转变为厌氧，这一时期土壤的反硝化作用开始加速，并与硝化作用同时存在，排放的 N_2O 的量较多(姚志生等, 2006)。而且，此时土壤孔隙没有完全被填满，N_2O 从土壤中排放出来的渠道较为通畅。但是随着土壤水分的继续增加，土壤孔隙逐步被填满，形成厌氧环境，此时主要进行反硝化作用。然而，在高含水时产生的 N_2O 被阻拦在土壤中，延缓了排放，甚至将阻拦的 N_2O 还原。

而对于稻田 N_2O 的排放也有诸多研究，稻田系统在多个生长周期内会有频繁的干湿交替，而这种频繁的干湿交替就会出现较旱地生态系统更为频繁、剧烈的不同土壤含水量。在土壤处于完全淹水状态时，土壤氧气供应不足，反硝化作用完全进行，排放的 N_2O 相对较少。但是，干湿交替时，土壤硝化、反硝化作用同时进行，并且抑制了 N_2O 继续转化为 N_2，会释放出更多的 N_2O。

相比于湿度，土壤温度对 N_2O 排放的影响呈现出多样性。例如，增温促进永冻土泥炭地(Cui et al., 2018)和高山草甸(Shi et al., 2012)的 N_2O 排放。随着培养温度的增加，土壤 N_2O 排放呈现指数增加趋势(在单一土壤湿度下)(Schaufler et al., 2010)。不同土壤类型(水稻土、果园、森林和山地)的 N_2O 排放都与土壤温度存在显著的正相关关系(Lin et al., 2012)。增温虽然对北方泥炭地 N_2O 排放无影响，但抑制 N 添加条件下 N_2O 的排放(Gong et al., 2019)。增温对高山草甸土壤 N_2O 无影响(Hu et al., 2010)。土壤 N_2O 排放对培养温度的增加也可能无响应(Zhang et al., 2016a)，在特定条件下，土壤湿度和温度能够解释 86%的 N_2O 排放(Schindlbacher, 2004)。

土壤 O_2 含量与土壤湿度和土壤机械组成等密切相关。一般在含水量高和黏粒比率大的土壤，其 O_2 含量比较低。土壤 O_2 含量会影响好氧和厌氧微生物活性。通常在低 O_2 浓度下，硝化细菌可能通过反硝化作用产生 N_2O(Quick et al., 2019; Pauleta et al., 2013)。野外沼泽地的研究结果表明，随着土壤 O_2 含量增加，土壤 N_2O 排放也随之增加(Burgin and Groffman, 2012)。随着 O_2 浓度从 21%下降到 0.5%，氨氧化途径生成的 N_2O 和 NO 会增加(Zhu et al., 2013)。

土壤 pH 是影响微生物活性和群落结构的重要因子(Levy-Booth et al., 2014)，因此土壤酸化(Cuhel et al., 2010)和土壤 pH 改良(McMillan et al., 2016)等对土壤 N_2O 排放具有显著影响($P<0.05$)，但也有研究结果表明 N_2O 的排放与 pH 之间没有显著的相关性(Pilegaard et al., 2006)。Blum 等(2018)收集的文献表明，参与氮循环的微生物，氨氧化细菌的生理 pH 最优值在 7.4～8.5(厌氧氨氧化细菌是 8 左右)，氨氧化古菌的生理 pH 最优值在 7～7.5，亚硝酸盐氧化细菌的生理 pH 最优值在 7.2～7.6，异养硝化菌的生理 pH 最优值是 7.5～8。与此同时，参与氮循环的酶，amo 酶最佳 pH 可能为 7.5(通过相关的颗粒状甲烷单加氧酶推测)，hao 酶最佳 pH 为 8.5，nxr 酶、联氨水解酶和一氧化氮歧化酶最佳 pH 未报道，nar 酶最佳 pH 为 7±0.5，nap 酶最佳 pH 为 6.5～8，Cu-nir 酶最佳 pH 为<6.5，cd_1-nir 酶最佳 pH 为 5.8～6.7，cnor 酶最佳 pH 为 5～6，nosZ 酶最佳 pH 为 7～8，联氨氧化还原酶最佳 pH 为 8～8.5(Blum et al., 2018)。通常，相比于氨氧化细菌，氨氧化古菌在酸性土壤中具有较强的活性和抗性(Zhang et al., 2012a)，但随着 pH 增加，氨氧化细菌则占据着主导地位(Nicol et al., 2008)。氨氧化古菌的 *amoA* 基因丰度在环境中具有较宽的 pH 范围(pH 3.7～8.65)，且在极端环境下(如高温、极酸)仍有较高的活性(Erguder et al., 2009)。

大量研究表明，土壤的 pH 对于温室气体的排放会有巨大影响。pH 将会通过影响土壤氮素转化的相关微生物来影响土壤 N_2O 的排放。土壤中的 NH_4^+-N 通过硝化作用等转变为 NO_3^--N 的过程会导致土壤 pH 降低。一般认为，氮素转换的相关微生物最适 pH 在 7.0～8.0，异养微生物可以适应范围更大的 pH。强酸性土壤可以抑制硝化和反硝化微生物的活性。Daum 和 Schenk 等(1998)的研究证实，当土壤 pH 为中性时，反硝化的主要产物以 N_2 为主，当土壤 pH 下降时，则会提高 N_2O 的比例。黄国宏等(1999)通过室内培养研究发现，在 pH 7～10 范围内，N_2O 排放随着 pH 下降呈递增趋势。同时，在 pH 相对较低环境下土壤有机质的矿化速率将会放缓，由此减少了土壤无机态氮的供给数量，从而降低 N_2O 的排放。据文献数据显示，我国油茶主要产区的土壤 pH 4.30～5.00，而油茶最适 pH 为 5.5～6.5(束庆龙, 2013)，因此控制土壤酸化对于油茶生长和 N_2O 减排有极其重要的意义。

除了微生物硝化和反硝化产生 N_2O，化学硝化作用也可以直接产生 N_2O。其基本原理是土壤中的氨或 NH_4^+被铁等氧化生成高价氮的过程，这一过程的产物就包括 N_2O、N_2 等。化学反硝化是指 NO_3^-或 NO_2^-被 Fe^{2+}、Mn^{2+}等还原的过程，其气体产物中同样包含 N_2O、NO、N_2 等多种含氮气体。

耕作方式深刻影响着土壤温室气体的排放。随着我国农业产业的发展及技术进步，越来越多的农民选择使用机械化作业，翻耕、播种、收割等作业机械使用的化石燃料会导致 N_2O 的排放。这部分排放量目前虽然比较小，但相比于我国的农业前工业化时代的传统耕作形式，这无疑是新生的大气 N_2O 排放源。在当前我国农田逐步集约化经营、土地流转加速的背景下，越来越多的专业化、智能化农业机械将会被运用于农业生产，这部分排放源存在增加的趋势。

翻耕在我国农业实践中已经有 2000 多年的历史，可以促进土壤呼吸，增加土壤孔隙度以利作物根系扩展和容纳降水，同时也可消灭一部分杂草。但是从长期来看，翻耕将增加土壤 N_2O 排放(Six et al., 2004)。300 cm 土体内 N_2O 浓度随深度的增加而增加(孙志强等, 2010)，由于翻耕将下层土壤暴露于空气中，增加了下层土壤的氧气供应量，营造了好氧环境，增强了被翻至地表的土壤的硝化作用，导致土壤 N_2O 排放增加。同时，存储于土壤深层的有机碳、NH_4^+、NO_3^-及其他营养物质翻移至土表，增强了异养硝化细菌的碳源，促进异养硝化细菌的活动，增加了 N_2O 的排放。

作为一个具有数千年耕作历史的农业国家，由于多种原因，在我国的农业实践中，大量秸秆被原地焚烧，从某种程度上来讲，秸秆焚烧为农田带来了生物质炭，增加了土壤碳输入(Deng et al., 2020b)。但是更大方面来讲，焚烧秸秆造成了安全隐患和严重的空气污染，释放了大量包括 N_2O 在内的温室气体。李建峰等(2015)对于江汉平原秸秆焚烧的研究表明，江汉平原 2010 年主要农作物秸秆露天燃烧排放 382 t N_2O，对于空气质量有严重影响。

土壤质地是依据土壤的不同颗粒组成划分的，一般分为黏土、砂土、壤土。不同质地的土壤的生产能力不同，如黏土具有较好的保水保肥效果，但难耕难耙；砂土透气性好、好耕好耙，但保水、保肥、保温效果差；壤土介于两者之间，植物水、肥、热、根系扩展等较为协调，是农林业较为理想的土壤。

土壤质地决定了土壤的氧化还原电位、土壤水气特征等基本理化性质，并进一步影响有机物质的分解，以及微生物主导的硝化和反硝化作用。以稻田为例，砂土排放的 N_2O 显著或极显著高于黏土，因为砂土透气性好于黏土，有利于好氧的硝化作用的进行，同时砂土气体扩散速度快，有利于 N_2O 排放至土壤中。砂土不能很好地保持土壤有机质，但对产生 N_2O 微生物的有机质供给可能较多。徐华等(2000)对于不同质地土壤条件下的小麦田和棉花田的 N_2O 排放通量进行研究发现，在两种作物中，壤土既有保水好于砂土的优点，又有透气性好于黏土的优点，所以壤土 N_2O 排放通量远大于砂土大于黏土。同时，土壤质地较重的情况下，土壤对有机物质及铵态氮的吸附和保护能力加强，减少了 N_2O 产生的底物来源，故而黏重土壤 N_2O 排放少于轻质土(徐华等, 2000)。

土壤质地不同会导致其通气性不同，进而对土壤硝化和反硝化作用的进行会存在不同影响。丁洪等(2001)对华北平原的潮土、砂姜黑土、褐土、风沙土和盐渍土的研究表明，质地黏重的土壤阳离子交换量大，NH_4^+被固定而影响硝化作用的进行。质地黏重土壤的反硝化作用强，质地轻的土壤硝化作用强。杨云等(2005)对不同机械组成的土壤进行研究表明，施用化学氮肥的菜地，N_2O 排放量与土壤黏粒含量呈负相关，与砂粒含量呈正相关，表明不同土壤质地对于 N_2O 排放有不同影响。

氮肥居于植物必需大量元素(氮、磷、钾)之首，是现代农业生产获得高产的首要途径。为了增加土壤肥力和作物养分输入，改善因连作导致的养分损失，施用化学肥料在过去几十年的农业实践中极为普遍。该方法有效增加了粮食产量，但也带来一系列问题。施用氮肥会潜在提高土壤中无机氮的含量，继而为硝化作用和反硝化作用提供反应底物，从而对土壤 N_2O 的产生与排放起到促进作用。

一般情况下，每施用 1000 kg 的氮肥，有 10～50 kg 的氮以 N_2O 的形式流失，随着氮肥的流失，氮肥施用效率下降，农民需要增加氮肥施用量，氮肥施用量的持续增加会导致 N_2O 排放量的指数增长(Shcherbak et al., 2014)。董玉红等(2005)对长期施肥的稻田温室气体的观测研究表明，氮肥的施用与 N_2O 排放量存在显著相关性。同时，我国有约 1/3 的农业生产区域化肥施用过量，这些区域主要集中在华东及东南沿海经济发达区域，与之相反的是我国中西部经济欠发达地区化肥施用量不足，若通过合理的指导增加该地区化肥用量将改变这一局面，从而有利于我国的温室气体减排和中西部地区的经济发展(黄耀, 2006)。

除了无机化学肥料，有机肥的施用也是农业生产中极为常见的做法。有机肥是利用植物残体或人畜粪便制成的肥料，其肥效更长，可提供的营养元素和有机质等比单一化肥更多。有机肥增加了土壤外源碳、氮输入，改变了 C/N 值，从而影响了土壤 N_2O 排放。对稻田不同肥料种类施用的研究表明，菜饼、秸秆、牛厩肥的 N_2O 排放量总量大于化肥(邹建文等, 2003)。但是对于菜地有机、无机肥添加的培养试验表明，相等氮含量的无机肥由于其速效氮含量高，给硝化和反硝化作用提供的反应底物更多，N_2O 排放高于有机肥。有机肥和无机肥配合施用时，无机肥含量越高，N_2O 排放量越高(林伟等, 2016)。对于油茶林有机肥和无机肥施用造成 N_2O 排放的相关研究还比较少，其机制和影响有待进一步明确(Deng et al., 2019a)。

许多作物本身就会释放出 N_2O，同时不同作物对土壤的作用不同，造成 N_2O 的排放通量有所不同。作物通过改变土壤孔隙、氧气环境、根系分解增加有机质供给等途径改变土壤 N_2O 排放。豆科植物(花生、大豆等)土壤 N_2O 排放高于非豆科植物(旱稻)，豆科植物的种植是土壤 N_2O 排放的重要来源(熊正琴等, 2002)。研究表明，在同样的土壤环境及不施肥条件下，种玉米的土壤 N_2O 排放通量大于不种玉米的土壤(黄国宏等, 1998)。玉米的根系会改变其根际的微环境，同时分泌出碳、氮等物质，为硝化和反硝化菌提供底物，进而增加土壤中 N_2O 的排放通量(黄国宏等, 1998)。因而，玉米植株根系对土壤 N_2O 排放有明显的促进作用(黄国宏等, 1998)。也有研究表明糖蜜草(Patra et al., 2010)、湿生臂形草(Subbarao et al., 2008)通过分泌化学物质来抑制硝化作用，进而降低土壤 N_2O 排放通量。

5.3 酸性土壤 N_2O 排放观测

5.3.1 原位观测

N_2O 的通量观测按照观测地点可分为原位观测和和非原位观测。原位观测是指在农田、林地、草地、湿地等试验样地布设观测点或设置观测装置进行采样观测。观测方法较多，如箱法、土壤浓度廓线法、微气象学法等。

在小区域的原位观测中多采用箱法中的静态箱法：使用一个密闭的箱体覆盖于地表，阻止箱体内外的空气交换，间隔一定时间抽取静态箱中的气体并进行测定，通过公式计算出 N_2O 的变化速率，进而可以得到 N_2O 的排放通量（Zhang et al., 2018; 杜睿等, 2001）。

这一方法所测定的 N_2O 的排放通量取决于静态箱所覆盖的土壤表面积。通过计算箱的体积、箱密闭时间、箱口面积（箱覆盖地表面积）即可计算出 N_2O 通量。其计算方法见式（5-1）（Zhang et al., 2018; Liu et al., 2012）。

$$F = P \times V \times \frac{\mathrm{d}N_2O}{\mathrm{d}t} \times \frac{1}{RT} \times M \times \frac{1}{A} \times \frac{M_n}{M} \tag{5-1}$$

式中，F 为土壤 N_2O 排放速率[mg N_2O/(m^2·h)]；P 为标准大气压（Pa）；V 为静态箱内部体积（m^3）；A 为静态箱覆盖土壤面积（m^2）；R 为普适气体常数 8.314 J/(mol·K)；T 为气体的绝对温度（K）；M_n 为 N 的相对分子质量（g/mol）；M 为 N_2O 相对分子质量（g/mol）。

采用该方法时需注意气密性，需提前将不锈钢等材质的底座埋设至土壤中，将静态箱放入底座，并在采样时进行密封，例如，用水密封（Levine et al., 1996）或用胶垫做接口并用螺丝拧紧（Flessa et al., 1995）。不同密封方法各有优缺点，在选择时需根据自身情况确定，如水密封不适用于坡度较陡的采样地点，胶垫在长期日光暴晒雨淋情况下会老化，且拧紧螺丝相对耗时。固定基座一方面可保证气密性，另一方面也能固定采样地点。为在采样时保证箱体内气体的均匀性，可使用电池供电的小型风扇置于箱体内部并提前开启，使样品混合均匀。为尽量减少采样期间的温度变化，可使用泡沫或铝箔包裹箱体，反射日光，以达到保温效果。

一般来讲，静态箱箱口面积越大，样品采集范围越广，其样品可靠性就有更大说服力。但是，当盖地面积过大时，静态箱机动性就较差，尤其对于非连续定点采样，需要搬动采样箱时可操作性较差。同时，箱口面积过大，气体样品均匀混合难度较大。当箱体密闭时，采样箱就形成了一个“温室”，箱体越大，则接受日照面积越大，“温室效应”就越强，箱体内外温差也会越大。综合考虑科学研究的准确性和观测的可操作性，气体静态箱箱口面积多不超过 1 m^2，也有箱口面积

64 m^2 的巨型静态箱(Smith et al., 1994)。小型采样箱盖地面积较小，一般为长方体、立方体或圆柱形。各种不同形状、高度的箱形也有些是为了使被观测植物置于其间。由于静态箱多采用人工采样，只能测定特定时间的单点性观测数据，难以保证全天候采样的均匀性，不能有效代表日动态变化的 N_2O 的实际值，所以出现了自动采样静态箱(图 5-3)(周鹏等, 2011)。

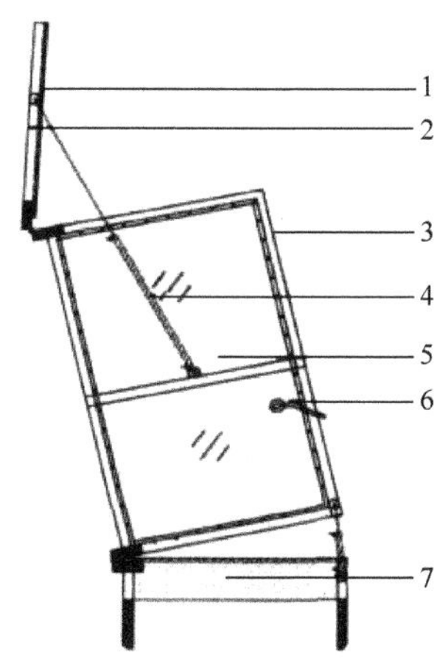

图 5-3　一种自动采样静态箱(周鹏等, 2011)

1. 密封条；2. 箱盖；3. 不锈钢箱体；4. 气缸；5. 聚碳酸酯板；6. 采气管；7. 底座

自动采样静态箱是对普通静态箱的改进，在 24h 内固定时间进行采样，以增加观测密度，动态跟踪一天内 N_2O 的通量。图 5-3 所示是一种自动采样静态箱(周鹏等, 2011)，尺寸为 0.7 m×0.7 m×1.2 m，静态箱的盖子和四个面采用相同材质的透明聚碳酸酯板并使用密封条保证密封性，底座固定于土壤中并用土密封。非采样时，顶盖打开保证箱体内部通风。同时，箱体内有小电风扇进行气体混合，还配备了采气管、温度传感器等部件。自动采样箱的气体经采气管干燥后通往气相色谱仪进行 N_2O 通量测定。该系统每 3h 进行一次测定，有效提高了 N_2O 排放测定的可靠性和连续性，弥补了人工单点采样时间上的不均匀性，但大范围多点布置的成本较高。

自动采样也有其局限性，如机械结构、自动处理系统及密封性都需要人工维护，否则难以维持反复开合和多年测定的需求。同时，箱体对于地面的覆盖会影响地面小环境，若长期箱体围挡，还会影响被观测植被的生长。

还有其他对于静态箱的改进，如气压调节袋、通风管等，均属于原位观测的构成部分。

5.3.2　非原位观测

非原位观测法多为实验室人工模拟气候箱培养法。培养法可以研究同一土壤或不同土壤的不同含水量、不同温度甚至不同通气状态下的 N_2O 排放，具有原位观测所不具备的条件控制和测定精度，以此可以确定被研究问题的主导因素。

室内培养可以控制多种因素，因此可以在不同条件下研究 N_2O 的产生过程与机制，应用范围十分广阔（Hu et al., 2017）。室内培养时长、方法等众多，没有固定形式。本团队曾采集土壤后使用锥形瓶进行室内培养，通过对培养土壤进行氮添加以模拟氮沉降，设置 15℃、25℃、35℃的温度梯度条件下培养 82 天以研究武功山高山退化山地草甸修复土壤 N_2O 的排放过程（邓邦良, 2016; Deng et al., 2016）。陈晨等（2017）对有 10 年种植历史的菜地进行研究，通过野外施用化肥、有机肥和生物质炭，采集土壤后使用锥形瓶于 28℃条件下培养 42 天，并结合微生物功能基因的测定进行 N_2O 排放研究。封克等（1999）使用培养瓶，用石灰调节土壤 pH 于 30℃培养，以研究红壤 pH 改变后 N_2O 的排放。Lin 等（2017）添加小麦秸秆生物质炭于 25℃进行 45 天的培养试验，并将 N_2O 的排放与氨氧化细菌相结合，从微生物基因角度进行 N_2O 排放及其机制研究。

由上述一些例子可见，培养法可用于不同土壤、不同水分条件、多种 pH 条件、多种施肥条件等因素结合研究，范围广、适用性强，具有原位观测不可替代的优点。

5.3.3　气体样品采集与分析

无论原位观测还是非原位观测都会涉及气体采集和存储，气体采集和存储的重要性从某种程度上来说不亚于观测方法、实验设计等其他组成部分。若气体采集和存储中发生气体“污染”或者泄露，那么之前的所有努力将会白费。

静态箱原位观测采样时，晴天和阴天的土壤 N_2O 排放通量是不同的，受到不同环境温度的影响，晴天箱内温度上升速度较雨天上升快，高温可促进 N_2O 的排放（Sass et al., 1991），因此在长期观测时要注意保持环境温度条件尽可能一致。静态箱测定 N_2O 的排放通量密闭时间宜保持在 15～30 min。在 0～15 min 时，箱体开始升温且升温不均匀，温度的变化会很大地影响观测气体的准确性。在 35 min 后，因为箱体的密闭，箱内 N_2O 浓度较正常状态会有所升高，对 N_2O 排放有明显的抑制作用（万运帆等, 2006）。静态箱和培养法采样时对于气体密闭性都有很高要求，很多研究在采样时会使用三通阀，阀门的密闭性会直接影响气体浓度和纯度的可靠性。

而待测样品的存储介质对于 N_2O 的测定也会有一定影响，比较常见的有使用注射器、气袋和采样瓶。气体存储材质会影响气体测定结果，复合膜气袋内壁会吸附温室气体给观测结果带来误差，气袋在抽取和输入气体时都可能会造成气体污染。气体采集后要尽快测定完毕，存储超过 20 天气体浓度就会产生漂移（郝志鹏等, 2005）。

1. 气相色谱法

气相色谱(gas chromatography，GC)是色谱法的一种，讨论气相色谱法之前必须首先明晰色谱法。

色谱法(chromatography)又名层析法，顾名思义，该方法是一种分离分析技术，由俄国植物学家 Tswett 于 1906 年提出。其原理是利用不同物质在不同的两种相(流动相和固定相)之间分配不同，使混合物在固定相上相互分离。色谱法并非只有一个特别的检测手段，一般可与光谱、质谱等方法结合使用(许国旺, 2004)。

气相色谱法是以气体为流动相进行化学分析的方法。该方法出现于 20 世纪 50 年代，诺贝尔奖获得者、英国生物化学家 Martin 发明气液色谱法，并于发明后的几十年快速发展，出现了各种通用、专用气相色谱仪。尤其是进入 20 世纪 80 年代，色谱仪日益多样化，精度大幅提高，更自动化、智能化。

总体来讲，气相色谱仪一般由载气系统、进样系统、色谱柱、检测系统和记录系统等五大部分组成，其中又包含气源、气体流速和净化测量控制系统、气化室和进样器、控温装置和检测器、工作站及记录仪等系统部分。

气相色谱仪利用不与样品和固定相发生反应的高纯度气体如氮气等作为载气，将薄层液或聚合物附着在惰性固体表面装在玻璃或金属制成的管(柱)内作为固定相，加上助燃的纯净空气，使待检测样品在流动相和固定相之间反复平衡、分配。由于各种气体样品在固定相和流动相的分配系数不同，会发生吸附和解吸，容易吸附的成分移动速度慢，不易吸附的成分移动速度快，在经过一定长度的固定相(色谱柱)之后，样品中不同的成分就彼此分离进入检测器。检测器把成分及浓度变化用某种方式(如热传导系数、氢焰等)变换成为易于测量的电信号送入记录系统。记录系统中的电子电位差计将获得的电信号转化为峰形信号，并由计算机得出峰形信号面积，由此获得待测样品某一组分的浓度。

2. 稳定同位素法

质子数相同，中子数(或质量数)不同的同一元素的不同核素互为同位素(isotopes)。同位素必为同一元素，分为放射性同位和稳定同位素。以氮为例，有 ^{14}N 和 ^{15}N 两种稳定同位素；而氧有 17 种同位素，其中 ^{16}O、^{17}O、^{18}O 三种为稳定同位素，其余均有放射性。稳定同位素法使用同位素质谱仪进行测定，由于自然界中，轻重同位素的丰度值是不一样的，因此多采用相对的比率来表示同位素的组成，用 δ 表示。这一比率(δ)的测定是由同位素比例质谱仪自动换算完成的。稳定同位素已经被广泛应用于各种痕量气体(N_2O、CH_4、CO_2 等)的产出机制、源汇识别中。

不同转化起点的氮素产生的 N_2O 具有不同的同位素信号，如农田中化肥施用

后排放的 N_2O 明显较森林土壤排放的 N_2O 缺少 $\delta^{15}N$。在了解这些差异的基础上，我们可以使用稳定同位素分析土壤氮素转化过程中 N_2O 的不同来源，同时估算其相应的排放量。

同位素质谱仪的基本原理是，在严格密闭的真空系统中，仪器内的离子源将被分析样品电离成正离子，将这些离子引出、加速，输入到高压电场中以获得能量，经过聚焦，形成一束截面为矩形的离子束，离子束将定向射入磁分离器中。带电粒子在磁分离器的磁空间中高速运动，由于不同粒子偏转曲率半径不一致，导致它们的偏转轨迹不同，由此，不同的同位素彼此之间就会彻底分离。在磁分离器出口设置接收器，将分离出来的电离子流转化为电信号，根据不同强度的离子流可以测定出各种同位素之间的比值。

IPCC 报道指出，大气中 90%左右的 N_2O 由微生物产生。有的研究主要使用一种同位素来判别 N_2O 来源。土壤排放的 N_2O 的同位素组成一般由土壤内部 N_2O 生成过程中的环境因素(如土壤温、湿度等)，以及同位素分馏效应，另外还包括反应基质的同位素组成等因子共同决定。目前一般较多使用 $\delta^{15}N$ 和 $\delta^{18}O$ 两个指标来记录和分析以上因素的综合作用结果(徐文彬, 1999)。对于热带雨林的研究表明，在同一地区，湿度较高的土壤反硝化作用强烈，释放的 N_2O 的 $\delta^{15}N$ 值就明显高于硝化作用相对占主体地位的低湿度的土壤(Kim and Craig, 1993)。除了 ^{15}N 的相应指标外，还有使用 ^{18}O 进行 N_2O 排放的研究。对同一释放源，来自硝化作用的 N_2O 相对于来自反硝化作用的 N_2O 缺乏，由此我们可以判断出研究过程中是硝化作用还是反硝化作用占主导地位。

但是，仅使用一种同位素解释可能会导致一些致命错误，对于如何解释 N_2O 来源说服力有限。N_2O 的双同位素($\delta^{15}N$ 和 $\delta^{18}O$)可以十分清晰地辨别 N_2O 的人为与自然源头，并且可以一定程度上表达 N_2O 的微生物产生过程(林伟等, 2017; Baggs, 2008; Toyoda and Yoshida, 1999)。例如，土壤地球化学循环过程中产生的 N_2O 相对于大气中的 N_2O 明显贫乏 $\delta^{15}N$ 和 $\delta^{18}O$，而非土壤(海洋、河流、化石燃料等)产生的 N_2O 在同位素组成上更接近于大气 N_2O。明确 N_2O 的不同源后，我们可以对 N_2O 的减排制定相应对策。

目前也有研究使用 N_2O 的同位素异构体 $\delta^{15}N^{\alpha}$ 和 $\delta^{15}N$。在研究硝化与反硝化过程中，结合氨氧同位素 $\delta^{15}N\text{-}NH_4^+$、$\delta^{15}N\text{-}NO_2^-$和 $\delta^{18}O\text{-}NO_2^-$、$\delta^{15}N\text{-}NO_3^-$和 $\delta^{18}O\text{-}NO_3^-$的反应过程，将极大促进氮循环机制研究(Tumendelger et al., 2016)。同位素异构体还可以结合微生物进行研究，而微生物是土壤 N_2O 排放的重要动力来源。国际上已开始研究使用稳定同位素技术来监测 N_2O 同位素信号预测产生 N_2O 的微生物群落结构、数量和活性的变化，以从根本上认识硝化与反硝化过程。将稳定同位素中的多种手段相结合，将大大提高我们对 N_2O 产生的路径、机制和源汇的认识。

5.4　酸性土壤 N_2O 排放的微生物学机制

氮循环过程是复杂的，是由不同的氮转化过程通过有序的方式相互组合而成的(Kuypers et al., 2018)。土壤 N_2O 排放主要来自微生物介导的硝化和反硝化作用，相关基因编码的酶主要有：硝酸还原酶(nas——原核生物细胞质同化硝酸还原酶、euk-nr——真核生物细胞质同化硝酸还原酶、narG——细胞膜结合的异化硝酸还原酶、napA——胞外异化硝酸还原酶)；亚硝酸还原酶(nirK、nirS)；NO 还原酶(cnorB、qnorB)；N_2O 还原酶(nosZ)；氨单加氧酶(amo)；羟胺氧化还原酶(hao)；亚硝酸盐氧化还原酶(nxr)(Hu et al., 2015; Pauleta et al., 2013)。该过程排放的 N_2O 约占全球排放量的 70%(Fowler et al., 2013)。

硝化作用主要是氨氧化为硝酸盐的过程(NH_4^+→NH_2OH/HNO→NO_2^-→NO_3^-)。该过程倾向于在有氧条件下进行(Pauleta et al., 2013)，主要分为化能自养硝化和异养硝化两大类。

1. 化能自养硝化

(1)第一步，氨氧化过程(NH_4^+→NH_2OH/HNO→NO_2^-)，由氨氧化细菌(AOB)和氨氧化古菌(AOA)完成。AOB 产生的氨单加氧酶 amo 催化 NH_4^+→NH_2OH，主要由变形菌纲 Proteobacteria 的 β-或者 γ-这两个亚纲组成，几乎在诸如施肥土壤、污水处理厂等所有的环境中都有存在。AOA 隶属于奇古菌门 Thaumarchaeota，包括 *Nitrosopulimus*、*Nitrosotalea* 和 *Nitrososphaera*，其产生的 amo 酶催化 NH_4^+→HNO。在 2004 年以前，人们一直认为化能自养型微生物介导的氨氧化作用是由 AOB 催化完成，但是 2004 年通过宏基因测序分析，首次在马尾藻海发现具有编码 *amo* 各亚基基因的泉古菌，认为该菌可能具有氨氧化的能力(Venter et al., 2004)。紧接着，2005 年在土壤中也发现了能编码 *amo* 基因的泉古菌(Treusch et al., 2005)，并在培养基上面成功分离出了第一株中温泉古菌 *Nitrosopumilus maritimus*(Könneke et al., 2005)，此后，这类具有氨氧化能力的泉古菌被命名为 AOA(Francis et al., 2005)。虽然 AOB 是陆地生态系统中氨氧化的优势菌群，但是 AOA 确是强酸性(pH 4.20～4.47)等极端土壤环境下氨氧化的主导菌(Zhang et al., 2012a)。此外，AOA 对氨(NH_3)的亲和力是 AOB 的 200 多倍(Martens-Habbena et al., 2009)。最近，研究结果发现硝化螺菌属 *Nitrospira* 的部分成员也具有完成氨氧化的能力，以前认为它只能够完成 NO_2^-氧化为 NO_3^-的过程，这一结果推翻了人们之前惯性地以为 NH_3 氧化和 NO_2^-氧化是需要两类不同微生物完成的观念(Daims et al., 2015; van Kessel et al., 2015)。此外，相关研究结果表明，hao 酶催化氧化 NH_2OH 的结果是 NO，而不是 NO_2^-(在一种未知酶的参与下完成了 NO_2^-氧化为 NO 这一过程）(Caranto and Lancaster, 2017)。据估算，在特定的土壤温度和水分含量条件下，氨氧化过程可贡献高达 80%的土壤 N_2O 排放（Gödde and Conrad, 1999）。

（2）第二步，亚硝酸盐氧化为硝酸盐的过程（$NO_2^- \rightarrow NO_3^-$），由化能自养的亚硝化细菌完成。亚硝化细菌广泛地存在于多个分类组中，其 *nxr* 基因能编码亚硝酸盐氧化还原酶 nxr。

2. 异养硝化

由于该过程机制复杂，目前研究还不够透彻，参与反应的细菌和真菌等也很广泛（Li et al., 2018b; Zhang et al., 2015; Hayatsu et al., 2008）。例如，农杆菌属的 *Agrobacterium* sp. LAD9 细菌，其氮转化过程被推测是异养硝化和好氧反硝化耦合的过程（Organic $N \rightarrow NO_4^+ \rightarrow NH_2OH \rightarrow NO_2^- \rightarrow N_2O \rightarrow N_2$）(Chen and Ni, 2012)。芽孢杆菌属的 *Bacillus methylotrophicus* strain L7 细菌，其氮转化过程被推测是异养硝化和好氧反硝化耦合的过程（Organic $N \rightarrow NO_4^+ \rightarrow NH_2OH \rightarrow NO_2^-$，$NH_2OH \rightarrow N_2O$，$NO_3^- \rightarrow NO_2^- \rightarrow N_2O \rightarrow N_2$，$NO_2^-$转化为 N_2O 可能不存在中间体 NO）(Zhang et al., 2012b)。不动杆菌属的 *Acinetobacter* sp. SYF26 细菌，其氮转化过程被推测是异养硝化和好氧反硝化耦合的过程（Organic $N \rightarrow NO_4^+ \rightarrow NH_2OH \rightarrow NO_2^- \rightarrow NO_3^-$，$NO_3^- \rightarrow NO_2^- \rightarrow N_2$）(Su et al., 2015)。不动杆菌属的 *Acinetobacter* sp. Y16 细菌，其氮转化途径（Organic $N \rightarrow NO_4^+ \rightarrow NH_2OH \rightarrow NO_2^- \rightarrow NO_3^-$，$NO_3^- \rightarrow NO_2^- \rightarrow NO \rightarrow N_2O \rightarrow N_2$）(Huang et al., 2013) 和之前预测的异养硝化途径一致（Richardson and Watmough, 1999）。许多真菌，如 *Penicillium* sp.、*Aspergillus favus*、*Aspergillus wentii* 和放线菌 *Streptomyces* sp.已经被证明能够完成 NO_2^-氧化为 NO_3^-的过程（Focht and Versteraete, 1977）。最近的研究表明，在酸性土壤中，异养硝化对 N_2O 的贡献度可能远远地高于化能自养硝化（Stange et al., 2013; Zhang et al., 2011），甚至在中性 pH 的土壤也存在类似的现象（Rütting et al., 2010）。

反硝化作用：硝酸盐还原为氮气的过程（$NO_3^- \rightarrow NO_2^- \rightarrow NO \rightarrow N_2O \rightarrow N_2$），该过程倾向于厌氧条件下进行（Pauleta et al., 2013）。

（1）第一步，硝酸盐还原为亚硝酸盐（$NO_3^- \rightarrow NO_2^-$）。该过程主要由 *nas*、*euk-nr*、*narG* 或 *napA* 等基因编码的硝酸还原酶催化完成。大多数真菌具有 *euk-nr* 基因且能够编码真核生物细胞质同化硝酸还原酶。含钼的 euk-nr 酶能够辅助催化 NO_3^-还原为 NO_2^-（Pateman et al., 1964）。

（2）第二步，亚硝酸盐还原为一氧化氮（$NO_2^- \rightarrow NO$）。该过程主要由 *nirK* 或 *nirS* 基因编码的含铜亚硝酸还原酶（Cu-nir）或者细胞色素 cd_1 亚硝酸还原酶（cd_1-nir）催化完成（Cu-nir 和 cd_1-nir 二者无功能差别）(Zumft, 1997)。真菌则是由 *nirK* 基因编码（真菌和细菌的 *nirK* 基因虽不同但同源）的 NO_2^-还原酶催化完成（Shoun et al., 2012）。

(3) 第三步，一氧化氮还原为氧化亚氮（$NO \rightarrow N_2O$）。细菌主要由 *cnorB* 或 *qnorB* 基因编码的 NO 还原酶催化完成。真菌则是由细胞色素 P450 借助还原型辅酶 NADH 或者 NADPH 提供的还原 H 催化 NO 还原为 N_2O（Shoun et al., 2012）。

(4) 第四步，氧化亚氮还原为氮气（$N_2O \rightarrow N_2$）。目前已知能完成催化该过程的只有 *nosZ* 基因编码的 N_2O 还原酶。相比于细菌，真菌似乎缺乏 *nosZ* 基因，导致真菌反硝化的最终产物是 N_2O 而非 N_2（Shoun et al., 2012）。但最近的研究表明，丛枝菌根真菌能够改变土壤微生物群落结构，降低产 N_2O 的 *nirk* 基因丰度，增加吸收 N_2O 的 *nosZ* 基因丰度（Bender et al., 2014）。

全球土壤 N_2O 排放量为 13 Tg N_2O-N/年（人为活动贡献了 7 Tg N_2O-N/年）（Fowler et al., 2013）。全国油茶面积约有 400 多万公顷，按照本团队野外监测数据，全国油茶林的 N_2O 排放通量不可忽略，特别是集约经营油茶林土壤 N_2O 排放应该引起足够的重视。

第 6 章　油茶林酸性土壤 N_2O 减排

6.1　油茶林土壤 N_2O 减排及其意义

选择合适的土壤改良剂，提高氮素利用效率，增加土壤抗酸化能力，维持土壤地力及减少温室气体排放，对提升集约施肥油茶林地力，保障我国油茶生产和生态环境安全具有重要意义。

6.1.1　油茶林土壤 N_2O 排放现状

本研究团队前期研究结果表明，油茶土壤 N_2O 排放速率在 200 mg Urea-N/kg soil 添加时最高，在 200 mg NH_4NO_3-N/kg soil 添加时次之，在对照情况下最低。生物质炭添加（100 g/kg soil）增加了油茶土壤 N_2O 的排放速率，且在添加生物质炭的情况下 N_2O 的排放速率随温度升高（10℃、15℃、20℃和 25℃）而升高。

生物质炭添加比没有生物质炭添加的油茶林土壤 N_2O 排放速率高。施肥和硝化抑制剂对油茶林土壤平均 N_2O 排放有交互作用且硝化抑制剂 DCD（添加量为 20 g/kg N）对减少油茶林土壤 N_2O 排放具有显著效果（$P<0.05$），结果为 Urea＞NH_4NO_3＞Urea + DCD = NH_4NO_3 + DCD（Deng et al., 2019b）（图 6-1）。

本团队原位监测数据表明，NH_4NO_3-N 施肥（400 kg NH_4NO_3-N/hm^2，实际施肥以穴施肥为主，在油茶滴水线内的 0.5 m^2 范围内进行施肥）显著增加土壤累积 N_2O 排放量和平均 N_2O 排放速率（$P<0.05$），硝化抑制剂 DCD（添加量为 20 g/kg N）和生物质炭（添加量为 10 t/hm^2）都会减缓 NH_4NO_3-N 施肥引起的土壤累积 N_2O 排放量和平均 N_2O 排放速率，但两种土壤改良剂之间无显著差异（$P\geqslant0.05$）。对照、NH_4NO_3、NH_4NO_3 + DCD 和 NH_4NO_3 + 生物质炭处理下，油茶林土壤累积 N_2O 排放量分别为（92.14±47.01）mg/m^2、（375.10±60.30）mg/m^2、（211.89±35.88）mg/m^2和（238.34±30.65）mg/m^2。对照、NH_4NO_3、NH_4NO_3 + DCD 和 NH_4NO_3 + 生物质炭处理下，油茶林土壤平均 N_2O 排放速率分别为（8.65±3.94）μg/（m^2·h）、（46.25±7.04）μg/（m^2·h）、（24.98±5.37）μg/（m^2·h）和（28.24±4.47）μg/（m^2·h）。

N_2O 不仅是重要的臭氧层消耗物质（Uraguchi et al., 2009），还因其百年尺度上的增温潜势是 CO_2 的 265 倍而备受关注（IPCC, 2014）。N_2O 等温室气体浓度上升会导致全球气候变化，以及干旱、高温、洪涝灾害等极端事件频发（IPCC, 2014）。另外，在气候变化背景下，生态环境遭受着严重的冲击。例如，气候变化会加剧

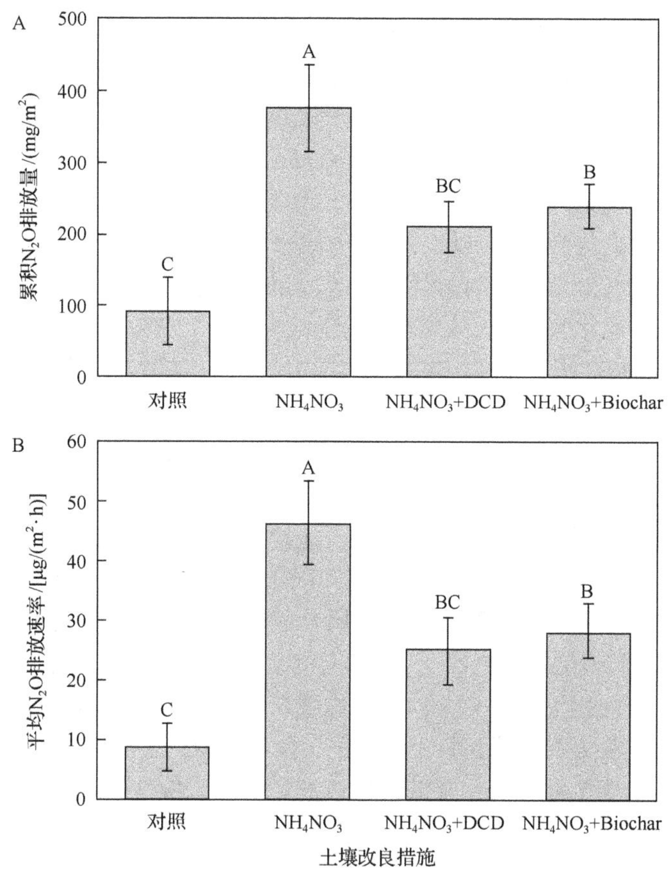

图 6-1　不同土壤改良措施[硝化抑制剂(DCD)和生物质炭(Biochar)]对施氮肥油茶林土壤累积 N_2O 排放量(A)和平均 N_2O 排放速率(B)的影响

植物入侵(Bradley et al., 2010)。油茶林土壤 N_2O 排放和减排应引起足够重视，以在集约型油茶产业发展中提出行之有效的管理和减排策略。

6.1.2　油茶林土壤 N_2O 减排意义

气候变暖已经成为全人类共同关心的话题，是全球各国所必须面临的共同挑战。据多个独立研究显示，近百年来，大气中的几种主要温室气体浓度已经大大超过历史任何一个时代，气候变暖已经成为一个明显的趋势。1992 年，里约热内卢召开的“联合国环境与发展会议”提出《联合国气候变化框架公约》，至今二十余年间，各国不懈努力陆续提出《京都议定书》《巴厘路线图》《巴黎协定》等文件以应对气候变化。面对人类的共同挑战，中国政府代表在 2014 年召开的《联合国气候变化框架公约》第 20 轮缔约方会议(COP20)上表示，中国将在 2016～2020 年间，逐步把年二氧化碳排放量控制在 100 亿 t 以下，发挥一个发展中大国在缓解气候变化和减排中的重要作用。

N_2O 是一种重要的温室气体，大气 80%～90%的 N_2O 来源于土壤(Hansen and Lacis, 1990)。大气中的 N_2O 浓度虽然低于 CO_2，但是有研究表明 1 mol N_2O 的增温效应是 CO_2 的 150～200 倍(Delgado and Mosier, 1996)。同时，N_2O 还是重要的光化学反应媒介物，对大气臭氧层具有严重的破坏作用。在大气中，N_2O 的浓度每增加 1 倍，将会导致大气臭氧层减少为原来的 10%，进而导致其对紫外线的阻挡作用减弱，辐射到地球上的紫外线将增加 20%。

农业是全球温室气体主要的排放源之一，全球 13.5%温室气体为农业活动的排放。2006 年 IPCC 报告指出，农业导致的大气 N_2O 浓度增加大约为大气 N_2O 浓度的 80%，贡献最大(IPCC, 2006)。因此，农田土壤 N_2O 的减排具有世界范围的意义。同时，从农业生产角度来看，土壤中一系列的生物化学作用排放出 N_2 和 N_2O 的同时也造成了氮素损失，降低了氮肥的利用效率，进而可能导致盲目增加施肥量，在增加施肥投入的同时又会进一步导致土壤酸化，抑制其他元素吸收，降低经济效益等，形成恶性循环。乔春连和布仁巴音(2018)对 2004～2016 年间发表的茶园土壤氮肥添加的研究表明，施用合成氮肥导致我国茶园土壤 pH 平均降低 0.20，N_2O 排放增加 292%，土壤酸化和养分流失加剧。油茶林与茶园管理有类似之处，分布面积更广，有关油茶林施肥与氮循环的研究尚处于起步阶段。在全球变化以及油茶集约经营背景下，相关工作应重点开展。农林业土壤 N_2O 减排将有助于抑制土壤氮素流失，降低种植成本，保持土壤健康，提高油茶产业经济效益。

6.2 油茶林土壤 N_2O 减排措施

6.2.1 科学施氮

目前国内外施肥管理的重点都在于如何提高氮肥利用效率，减少氮素损失。据预测，我国当前氮肥利用率多分布在 20%～50%，普遍较低，如提高氮肥利用率 10 个百分点，将潜在降低 N_2O 产生底物，有效降低 N_2O 排放量(黄耀, 2006)。提高氮肥利用率的措施很多，应用较广泛的包括科学施肥、合理配比、改进施肥方法、不同肥料混施等。另外需要开发新型肥料，推广应用不同肥效氮肥，挖掘缓、控释肥。我国农业生产中应用较多的氮肥包括碳酸氢铵和尿素，其肥效迅速，损失量大，导致氮肥利用率严重下降。相反，如开发长效碳酸氢铵与尿素则能显著提高氮肥利用率，减少 N_2O 排放 27%～88%(梁巍等, 2004)。长效碳酸氢铵对于 N_2O 释放的效果随土壤含水量的增加而减少，因此要做好水肥配合。

施用氮肥也应注意到其他营养元素与氮肥的配合比例，合理的氮、磷、钾比例有助于氮肥利用效率的提高，增加氮肥的增产效果，同时可以相对降低氮肥施用量。对于其他微量元素的研究也表明，某些微量元素的缺乏是土壤大量元素(氮、磷、钾)施用增产效果有限的重要原因，提升这些微量元素的“短板”将促进作物增产，减少盲目的氮肥投入量。

6.2.2 合理耕作

翻耕会导致土壤 N_2O 排放增加。免耕的 N_2O 排放量在短期内将会多于翻耕，但是长期来看，免耕的排放量少于翻耕(Six et al., 2004)。也有研究表明，由于免耕，土壤中的氧浓度降低，加剧了反硝化作用，可能会引起土壤 N_2O 的排放(Ball et al., 1999)。推广秸秆还田一方面会减少因焚烧造成 N_2O 的排放，加强养分循环，可以一定程度减少氮肥投入；另一方面，可以增加土壤 C/N 值，固定土壤氮，因此可以影响硝化、反硝化作用的进行，进而影响 N_2O 排放。也有研究结果表明，秸秆还田会加入更多有机物质，为微生物提供更多反应底物，进而提高硝化作用和反硝化作用的速率，潜在促进土壤 N_2O 排放。因此，对于免耕和秸秆还田的具体影响还要结合实际的作物品种、土壤质地实地分析。

6.2.3 适度改良酸化土壤

油茶林土壤酸化与土壤 N_2O 排放和氮肥利用率提高息息相关，油茶林土壤酸化改良对土壤 N_2O 减排意义重大。研究表明，土壤 pH 对于土壤 N_2O 排放机制的影响极为复杂。土壤微生物活动所适宜的 pH 不同，一般认为反硝化菌活跃范围在 3.5～11.2，最适宜的 pH 为 6～8。在 pH 5.6～8.6 范围内，土壤 N_2O 排放速率随 pH 增加而增加，表现为正相关关系，在 pH 8.0 的土壤中，N_2O 排放量比 pH＜6.5 的土壤中排放量高 2.2 倍(黄耀等, 2002)。在酸性环境中(pH＜5.5)，NO_2^-容易通过结合土壤中 H^+，通过化学作用自分解过程产生 NO、N_2O 等多种气体。

传统土壤改良措施，如添加石灰、施用有机肥、绿肥翻压、农林废弃物还田、微生物接种等，虽然优势明显，但存在很多不理想的地方。新型土壤改良措施包括生物质炭添加、施用白云石粉等。石灰常用于我国南方酸性土壤改良，可有效提高土壤 pH。此外，石灰还能通过降低土壤交换性 H^+而降低土壤 Al^{3+}浓度，从而具有削减 Al^{3+}对植物生长的毒害作用的潜力(Zhang et al., 2017)。Meta 分析显示，石灰对土壤 pH、盐基饱和度增加具有显著正效应(Reid and Watmough, 2014)。McMillan 等(2016)研究表明，石灰添加能减少土壤 N_2O 排放。最近一项土壤酸化改良与氮循环相关研究发现，无论是在 60% WFPS 还是淹水条件下，中高程度(1 g/kg soil 和 2 g/kg soil)的白云石添加能通过增加水稻—油菜轮作酸性土壤 pH 而达到减少 N_2O 排放的效果，其机制为增加了 *nosZ* 基因($N_2O \rightarrow N_2$)的表达(Shaaban et al., 2018)。但是，石灰添加会降低 0～30 cm 土壤可溶性有机碳的含量，长期添加石灰，会因为石灰用量和作物管理策略使得土壤 0～10 cm 有机质碳含量出现下降或者没变化的结果(Wang et al., 2016)。另外，长期添加石灰，不仅可以提高土壤 pH，还会刺激土壤有机质碳分解(Aye et al., 2017)。添加石灰对土壤 NO_3^--N、NH_4^+-N 等养分因子，以及氨氧化细菌和氨氧化古菌等微生物类群无显著影响($P \geq 0.05$)(Zhang et al., 2017)。

配施有机肥，是农业生产中用于维持作物产量的常用土壤改良措施。Meta 分析结果表明，虽然有机肥添加能增加土壤有机碳含量(Maillard and Angers, 2014)，但是会显著增加 N_2O 排放，从而抵消其固碳收益(Zhou et al., 2017)。牛粪、家禽粪、有机肥表面施用及未发酵的有机肥施用都会显著刺激土壤 N_2O 排放($P<0.05$)，据统计，有机肥添加可显著增加 32.7%的土壤 N_2O 排放($P<0.05$)。有机肥添加促进土壤 N_2O 的排放主要与土壤温度、pH、土壤沙粒和黏粒的比率有关(Zhou et al., 2017)。长期(27 年)施用有机肥(猪粪)能够增加土壤有机质含量和团聚性，还能缓解由于化肥施用导致的土壤 pH 下降，甚至改变微生物群落结构和关键类群(Lin et al., 2019)。相比于复合肥，猪粪添加(施肥背景值 200 kg N/hm^2)虽然对土壤 N_2O 排放无显著差异[猪粪 vs. 复合肥：(2.2 ± 0.07) kg N_2O-N/hm^2 vs. (2.1 ± 0.05) kg N_2O-N/hm^2, $P \geq 0.05$]，但是却显著增加了土壤 NH_3 排放[猪粪 vs. 复合肥：(39.8 ± 5.94) kg NH_3-N/hm^2 vs. (31.3 ± 3.65) kg NH_3-N/hm^2, $P<0.05$](Zhang et al., 2019)。

农林废弃物还田是较为经典的传统土壤改良方式。秸秆通常含有丰富的碳基质，还田能够增加土壤有机质含量，改良孔隙度，但是有增加病虫害的风险(江永红等, 2001)，并可能潜在促进温室气体排放(Wu et al., 2017b)。此外，某些有机废料，如食用菌菌棒废料(spent mushroom substrate)，通常残留丰富的养分，特别是氮，可以间接地减少氮肥输入。一项 42 天室内培养研究结果表明，平菇(*Pleurotus ostreatus*)菌棒废料能显著地增加土壤矿质氮浓度($P<0.05$)(Lou et al., 2017)。另一项研究结果表明，菌棒废料(5 t/hm^2、10 t/hm^2，3 t/hm^2)能显著地降低土壤容重并增加土壤总孔隙度、导水率水稳性(K_{sat})、不同团聚体(4.75～2 mm、2.0～1.0 mm、1～0.5 mm、0.5～0.25 mm、<0.25 mm)土壤有机质碳和全氮含量($P<0.05$)，是一种优良的土壤改良措施(Udom et al., 2016)。但是，在未来的研究中，应该考虑氮损失(NH_3、N_2 和 N_2O 等的排放)增加的风险。

绿肥是一种可持续的清洁有机肥，在农业生态系统中一直被广泛使用。通过绿肥翻压能够有效地提高土壤肥力，达到改善地力的效果(曹卫东等, 2017)。但是，绿肥翻压有增加土壤 N_2O(Weiler et al., 2018)和 CO_2 (Negassa et al., 2015)等温室气体排放的风险。此外，绿肥多种于休耕期，存在时节限制，如果在作物生长季节套种绿肥可能会与农林作物竞争光、水和矿质养分(如氮、磷、钾等)。

接种有益微生物能够有效促进植物生长，部分微生物还能减少 N_2O 排放。例如，接种 *Bacillus amyloliquefaciens* 菌后，发现该菌能够促进植物生长和氮吸收(植物全氮增加），抑制氨氧化细菌活性，增强反硝化过程彻底进行（尤其是 N_2O 减少过程）（Wu et al., 2018a）。室内盆栽试验表明，接种 40 个隶属于 *Azospirillum*（固氮螺菌属）和 *Herbaspirillum*（草螺菌属）的反硝化细菌后，累积 N_2O 排放量降低且氮吸收增强（Gao et al., 2016）。然而，该法的野外实施和推广还有很多的不确定性及复杂因素，需要更多相关研究去论证。

6.2.4　适量配施生物质炭

生物质炭是一种新型土壤改良剂。巴西亚马孙河流域考古发现，具有生物质炭的土壤生产力比周边没有生物质炭的高很多，而且生物质炭能够稳定地存留在土壤中（Sombroek, 1966）。这一发现激发了人们对生物质炭改良土壤的研究及其技术开发。生物质炭为有机生物质（如作物秸秆、林业副产物、城市废弃物、工业副产物、动物粪肥、城市污泥等）在高温（250～700℃）和厌氧（或部分厌氧）条件下，经过缓慢热裂解生成的高炭物质（Johannes and Stephen, 2015）。生物质炭除了具有较高的 pH、比表面积、芳香化程度和孔隙度，还具有丰富的官能团和难分解等特性。

目前，生物质炭添加作为土壤改良措施被广泛应用在农林生产领域，主要原因如下。①难分解特性有助于提升土壤碳库。据估算，生物质炭具有减少 1.0～1.8 Pg CO_2-C_{eq}/年的潜力（Woolf et al., 2010）。②优良的理化特性使得其在土壤养分固持（Sun et al., 2017; 王洪媛等, 2016）和利用（孙雪等, 2016; Gul and Whalen, 2016）、保水（Castellini et al., 2015）、抗 Al^{3+}毒害（Zhang et al., 2017）、促菌根真菌等共生系统繁殖（Luo et al., 2017）、减缓连作障碍（如根节线虫，Huang et al., 2015c）和青枯病（Gu et al., 2017））、作物增产（Zhang et al., 2012c; 2012d）等方面优势明显。③蕴含丰富的大量和微量元素（Zhao et al., 2018），有助于减少化肥的使用。

生物质炭能够直接增加土壤碳库，主要与以下几点有关。①固有的芳香族骨架能够帮助生物质炭抵御微生物的分解。有研究表明，生物质炭的半衰期长达 10^2～10^7 年（Zimmerman, 2010）。②生物质炭表面结构存在铝/铁氧化物与有机质构成的矿物——有机物络合保护层（Glaser et al., 2000）。③生物质炭存在稳定的碳-硅结构，能增强 C 稳定性（Guo and Chen, 2014）。④生物质炭表面氧官能团（如羧基—COOH 等）能与土壤有机物发生反应，从而减缓生物质炭中碳的分解（Chen et al., 2015）。⑤生物质炭可以通过影响微生物群落结构而间接影响土壤有机碳的降解（Paz-Ferreiro et al., 2015）。⑥生物质炭中的矿质组分能通过化学反应吸附 CO_2，例如，污泥生物质炭中的含铁矿质组分能够把 CO_2 转化为 $Fe(OH)_2CO_3$（Xu et al., 2016）。

Meta 分析显示，生物质炭添加会增加土壤 CO_2 排放，降低 N_2O 排放，对 CH_4 无影响。相关研究结果有：+ 22.14% CO_2、–30.92% N_2O，对 CH_4 排放无影响（He et al., 2017）；+ 19% CO_2、–20% N_2O，CH_4 无影响（Song et al., 2016）；在不施 N

肥条件下，+ 43.3% CO_2、–28.8% N_2O，对 CH_4 无影响；在施 N 肥条件下，–8.6% CO_2、–33.0% N_2O，+11.6% CH_4(He et al., 2017)。不同生物质炭的原材料、制备工艺(尤其是裂解温度)、添加速率和粒径大小等，都会影响生物质炭对土壤温室气体排放的效应(Chen et al., 2017; He et al., 2017; Jeffery et al., 2016; Song et al., 2016)。不施肥条件下，生物质炭的不稳定碳组分的输入除了有利于土壤 CO_2 排放(Sun et al., 2016a; Zimmerman et al., 2011; Smith et al., 2010)，还有利于产 CH_4 菌产生 CH_4 (Wang et al., 2012)，但高孔隙度特征带来的土壤透气性增强却有利于嗜 CH_4 菌吸收 CH_4(Feng et al., 2012)。施氮肥后通常会增加土壤 N_2O 排放(Gerber et al., 2016)，与此同时氮的输入有时候还会刺激土壤碳矿化(Zhou et al., 2014; Lu et al., 2011)。

生物质炭本身固有的养分(如碳、氮)及特殊的理化特性(Johannes and Stephen, 2015)，会间接地影响土壤微生物(如细菌和真菌)的群落结构(曹辉等, 2016)。生物质炭可能会通过增加反硝化微生物丰度(Harter et al., 2016)，使得 *nos*Z 丰度增加(Tan et al., 2018)，从而降低土壤 N_2O 排放。生物质炭的碱性特征，会降低 AOA/AOB 比值(Zhang et al., 2017)，从而间接地影响土壤 N_2O 排放。例如，“生物质炭 + 氮添加”与“氮添加”处理相比，具有以下效应：+ 105.8% AOB，+ 57.3% AOA，+ 22.0% *nirS*、+ 176.2% *nirK*、+ 204.9% *nosZ* 和–58.1%的累积 N_2O 排放量(陈晨等, 2017)。Yu 等(2019)的研究结果表明，生物质炭形成的 pH 梯度会影响 AOA *amoA*/AOB *amoA* 和 *nosZ*/(*nirS* + *nirK*)的比值，随着 pH 增加，这两个比值都呈现下降趋势(300℃裂解生成的生物质炭加入土壤后，AOA *amoA*/AOB *amoA* = $0.1 + 1.0\times10^{22}\times e^{-9.2\,pH}$ ($P<0.01$，$R^2 = 0.43$)，*nosZ*/(*nirS* + *nirK*) = $0.1 + 107.7\,e^{-1.1\,pH}$ ($P<0.01$，$R^2 = 0.44$)。700℃裂解生成的生物质炭加入土壤后，AOA *amoA*/AOB *amoA* = $3.1 + 1.3\times10^{13}\times e^{-5.1\,pH}$ ($P<0.01$，$R^2 = 0.87$)，*nosZ*/(*nirS* + *nirK*) = $-0.6 + 2.1e^{-0.2\,pH}$ ($P<0.01$，$R^2 = 0.42$)，这说明生物质炭 pH 改良会通过改变 AOA 与 AOB 的丰度进而减少土壤 N_2O 排放潜力。生物质炭对土壤微生物量碳、氮的影响呈现不一致的结果。例如，对微生物量碳(Almarzooqi and Yousef, 2017)和微生物量氮(Jeffery et al., 2017)无影响，对微生物量碳、微生物量氮有正效应(Zhu et al., 2017b)，对微生物量碳有正效应(胡雲飞等, 2015)。

另外，生物质炭对 CO_2 排放的影响变异较大，可能对土壤 CO_2 排放无影响(Liu et al., 2016)、增加(Almarzooqi and Yousef, 2017; Luo et al., 2016a)或者抑制(Case et al., 2014)。同时，对 CH_4 可能增加(Wang et al., 2012)、减少(Feng et al., 2012)或者无影响(He et al., 2017)。这说明除氮排放以外，生物质炭对碳排放同样具有较大的不确定性，需要更多相关研究工作去论证。生物质炭添加增加土壤 CO_2 释放可能与以下因素有关：①土壤原始有机质碳库的激发效应(Zimmerman et al., 2011)；②土壤微生物直接或间接对生物质炭中的不稳定性碳的分解(Sun et al.,

2016a)；③非生物性质的生物质炭化学反应分解(如碳酸盐 CO_3^{2-})(Ameloot et al., 2013)。生物质炭中的不稳定性碳提供的碳底物，有利于产 CH_4 菌产生 CH_4 气体(Wang et al., 2012)，但高孔隙度却能增加土壤 O_2 供应，有利于嗜 CH_4 菌活跃，进而吸收 CH_4(Feng et al., 2012)。

生物质炭阻控土壤氮素流失的机制，主要体现在以下几个方面：①吸附 NH_4^+-N (Zhao et al., 2017)(主要由阳离子交换能力决定，王洪媛等, 2016)和 NO_3^--N (Kanthle et al., 2016)(主要由阴离子交换能力决定，王洪媛等, 2016)，还有氢键和金属桥键作用(王荣荣等, 2016)；②减少气态氮损失(如 N_2O，Tan et al., 2018; NO，Obia et al., 2015)；③增强微生物固氮(van Zwieten et al., 2015)和微生物氮固持(Zhu et al., 2017b)；④促进植物氮吸收(Tan et al., 2018)。

土壤 N_2O 排放与生物质炭和土壤的理化性质息息相关(He et al., 2017)，但生物质炭对土壤 N_2O 的影响却呈现多样性(如正效应，Petter et al., 2016；负效应，Case et al., 2015；无影响，Case et al., 2014；等等)。生物质炭添加增加土壤 N_2O 排放可能与其保水特性有利于生物质炭内部的氮释放有关(Lorenz and Lal, 2014)。反之，降低 N_2O 排放的原因可能有以下几点：①微生物或者物理特性固定 NO_3^--N，限制了土壤生物有效性氮的含量(Case et al., 2012)；②增加 N_2O 还原过程[增加 *nosZ* 基因的拷贝数(Tan et al., 2018)]；③多环芳烃等毒性物质(生物质炭热裂解过程的副产物)对氮循环微生物具有毒害效应(Hale et al., 2012)。此外，生物质炭的碱性特征通常会增加土壤 NH_3 释放(Sun et al., 2017)。

土壤氮矿化对生物质炭添加的响应呈现出多样性(Johannes and Stephen, 2015)，主要与以下因素有关：①生物质炭添加后，土壤不稳定碳和 pH 增加能刺激微生物的活性，从而影响微生物介导的氮转化过程(Nelissen et al., 2015)；②生物质炭表面的钙、镁、钛、铬等的金属氧化物形态可能会催化 NH_4^+-N 发生化学氧化(Johannes and Stephen, 2015)。此外，生物质炭添加比率(Luo et al., 2016b)、裂解温度(Pereira et al., 2015)等也会影响土壤氮矿化过程。例如，生物质炭添加对土壤氮矿化的效应为：+ 269%氮矿化，–37%累积反硝化作用，+ 34%硝化作用(Case et al., 2015)；或者+ 34%总氮矿化，+ 13%总氮硝化(Nelissen et al., 2015)。

土壤氮素的保留策略主要包括：①采用先进的统计和定量模型使氮素的施用量与作物需求更匹配；②在田间以不同比例施用肥料应该根据土壤肥力的自然规律，或者撒播在根系吸收范围内而不是在土壤表面；③在作物需求时施用肥料，如种植后数周施加或者提前施加时添加缓释材料以延缓其溶解(Paustian et al., 2016)。

生物质炭提高土壤 pH 缓冲容量的机制主要包括：①生物质炭的表面含有丰富的含氧官能团，这些弱酸性官能团的阴离子会与溶液中的 H^+发生缔合反应，生成中性分子，同时将之前吸附的交换性盐基阳离子释放到溶液中，从而提高土壤 pH 缓冲容量；②生物质炭蕴含的可溶性硅(Si)(如 $H_3SiO_4^-$)能够与 H^+结合，生成

H_2SiO_3沉淀(Dai et al., 2017; Shi et al., 2017)。

生物质炭有改变土壤水文特征的潜力，可能导致水循环和水调节的生态系统过程发生显著变化。生物质炭用于土壤改良可直接影响渗透率、含水率的变化(包括在植物中储存的水形态及土壤疏水性能的改变的变化)，也有可能通过改变土壤团聚体和C循环而引起土壤水文的间接变化(Johannes and Stephen, 2015)。这些变化通常是有益处的，例如，生物质炭可以增加植物有效水含量以抵御干旱胁迫(Mulcahy et al., 2013)。生物质炭改善土壤保水性能的机制主要有以下几个方面：①其为多孔介质(包括孔隙大小和孔隙连贯性)，能够改变土壤容重及团聚体结构，从而影响雨水径流和下渗，增加土壤持水性能；②其丰富的营养元素，能够增加土壤水文导电率，增加植物有效水含量，从而增强植物抵御干旱胁迫的能力。Castellini 等(2015)的研究表明，5 个不同水平的生物质炭(0 g/kg soil、5 g/kg soil、10 g/kg soil、20 g/kg soil、30 g/kg soil)添加进入小麦田土壤 30 个月后(土壤趋于稳定)，有或者无生物质炭添加的土壤其渗透率、不饱和渗透系数无变化，但是却显著性地增加土壤保水性能(P＜0.05)。Abujabhah 等(2016)研究表明，只有 10%生物质炭添加量才能增加黑色黏壤土水分含量，而 2.5%和 5%添加量无此效应。Hansen 等(2016)研究结果表明，生物质炭通过提高土壤保水性和根生长的特性使之具有提高粗砂质土壤的作物产量的潜力。Du 等(2017)研究结果表明，4.5%和9.0%的生物质炭添加量能显著增加土壤大团聚体(250～2000 μm)、平均重量直径和分配比率(P＜0.05)。Mulcahy 等(2013)研究表明，沙土土壤经过生物质炭(30%, V/V)改良后，番茄幼苗抵御干旱的能力增加。Sun 等(2018)研究结果表明，相比于对照，0.5%、1%、2%和 5%(m/m)玉米秸秆生物质炭及 10%生物质炭能够显著降低滨海盐渍土的水分累积入渗量(P＜0.05)。其中，在 1%生物质炭添加中，稳渗时间“≤0.25 mm”＜“0.25～1 mm”＜(“对照”=“1～2 mm”)，累积入渗量“≤0.25 mm”＜(“对照”=“1～2 mm”)，且“0.25～1 mm”与“0.25mm”、“对照”、“1～2 mm”无显著差异(P≥0.05)(Sun et al., 2018)。在 10%生物质炭添加中，稳渗时间“≤ 0.25 mm”＜“0.25～1 mm”＜“对照”＜“1～2 mm”，累积入渗量“≤ 0.25 mm”＜(“0.25～1 mm”=“对照”)＜“1～2 mm”(Sun et al., 2018)。

6.2.5 有效施用硝化抑制剂和脲酶抑制剂

硝化抑制剂又称为氮肥增效剂，常见硝化抑制剂有双氰铵(DCD)、氢醌(HQ)、3，4-二甲基吡唑磷酸盐(DMPP)、2-氯-6-(三氯甲基)吡啶等。这些添加剂可以抑制由 NH_4^+-N 向 NO_3^--N 转化，可以显著降低农田土壤 N_2O 的产生和排放。研究表明，硝化抑制剂处理的土壤 N_2O 排放量均比单施尿素的低(周礼恺等, 1999)。对于褐土、粉砂壤土、草甸棕壤等采集于多个地点的多种土壤，DCD 与 DMPP 均对

AOB 有抑制效果。氨氧化细菌是硝化作用的重要参与微生物，抑制 AOB 的活性和数量对 N_2O 的减排有重要作用(白雪等, 2012)。

硝化抑制剂主要分为人工合成和生物分泌两大类。人工硝化抑制剂种类繁多，大致可分为“氰胺类”、“含氮杂环化合物”、“含硫化合物”、“烃类及其衍生物”等四大类(张苗苗等, 2014)。农业生产中常用的有双氰胺(dicyandiamide, DCD)、3, 4-二甲基吡唑磷酸盐(3, 4-dimethylpyrazole phosphate, DMPP)和 2-氯-6-三氯甲基吡啶(nitrapyrin, CP)等(张苗苗等, 2014)。氨氧化细菌和氨氧化古菌是硝化作用的主要微生物，都含有催化氨氧化(NH_4^+-N→NH_2OH)的关键酶—— amo 酶(AOB 和 AOA 的 *amo* 并不完全相同)。人工合成的硝化抑制剂[如 DCD、DMPP、3，4-二甲基吡唑琥珀酸(34-dimethylpyrazole succinic, DMPSA)、氯甲基吡啶(CP)、烯丙基硫脲(allylthiourea, ATU，一种 Cu 螯合物)等]主要通过抑制 amo 酶(含 Cu 的单加氧酶)活性来抑制微生物的硝化作用。除人工合成的硝化抑制剂，农业生态系统中还存在生物硝化抑制(biological nitrification inhibition)。例如，植物根系分泌的一类特殊的化合物，与土壤发生作用，从而抑制土壤微生物的硝化作用(Coskun et al., 2017; Subbarao et al., 2012)。在 20 世纪 80 年代中期，热带农业国际中心研究者发现，*Brachiaria humidicola* cv. Tully(CIAT 679)这种单群落的牧草，比单群落豆科牧草或者裸地具有显著的低硝化速率($P<0.05$)(Sylvester-Bradley et al., 1988)，这一现象激发了人们对生物硝化抑制剂的研究和探讨。在 2008 年，第一个生物源硝化抑制剂从高粱(*Sorghum bicolor*)根系分泌物中提取并成功分离，这种化合物为对羟基苯丙酸[methyl 3-(4-hydroxyphenyl) propionate, MHPP]，其主要通过抑制 amo 酶活性来达到硝化抑制作用(Zakir et al., 2008)。紧接着发现 *Brachiaria humidicola* 抑制硝化作用的原理主要是 *Brachiaria* 根部会释放含有大量抑制硝化作用的混合分泌物，其中化合物 brachialactone 会阻碍 amo 酶和 hao 酶的氨氧化酶催化途径，且对 amo 酶的抑制作用远大于 hao 酶(Subbarao et al., 2009)。我国南京土壤研究所之后也首次提取了水稻根系分泌物 1，9 癸二醇，并确定该化合物具有显著的生物硝化抑制作用($P<0.05$)，其机制主要是通过抑制酶活性来达到硝化抑制作用(Sun et al., 2016b; 张苗苗等, 2014)。

使用硝化抑制剂可以为玉米地增加年收益 163 美元/hm^2(Qiao et al., 2015)。Thapa 等(2016)评估表明，硝化抑制剂能减少 38%的 N_2O 排放。Sanz-Cobena 等(2017)证实，使用硝化抑制剂能减少 50 %的 N_2O 排放。Linquist 等(2012b)的结果显示，硝化抑制剂 DCD 能减少无机氮施肥施用引起的 N_2O 排放(减少 29%，区间–40%～–20%)。Gu 等(2019)也证实，硝化抑制剂的使用能够减少 N_2O 排放(减少 73%，区间–87%～–51%)。同时，硝化抑制剂的使用，能够减少 0.3t CO_{2e}/(hm^2·年)(Rees et al., 2013)。另有研究发现，硝化抑制剂 DCD 没有增加作物产量，但是减少了 35%的 N_2O 排放(Hube et al., 2017)。

杨秀霞等(2016)的研究结果表明，氮肥配施 CP 不仅能促进水稻分蘖和有效穗数的增加，还可以增加 8.3%～12.7%的水稻产量。孙海军等(2017)的研究表明，麦季使用 CP(施氮水平：140 kg/hm^2 和 180 kg/hm^2)能够增加氮素的利用率，降低 N_2O 排放，增加小麦产量，但是 NH_3 挥发风险增加。此外，当硝化抑制剂与生物质炭联合使用时，生物质炭的吸附特性有助于加强硝化抑制剂在土壤中的保留时间(吸附效果取决于生物质炭的原材料和裂解温度)(Keiblinger et al., 2018)。因此，如果合理施用硝化抑制剂，除了能够提高土壤氮素利用效率，减少温室气体 N_2O 的排放，增加作物产量，还能降低化肥施用带来的环境污染。

土壤氮循环主要由硝化、氨化、固氮和反硝化等作用组成，其中硝化作用是指 NH_4^+-N 在微生物的作用下转化为 NO_3^--N 的过程(NH_4^+-N → NH_2OH → NO_2^--N → NO_3^--N)。NH_4^+-N 容易被土壤胶体吸附不易流失，但是硝化作用的最终产物 NO_3^--N 却容易在土壤中迁移并淋溶，不仅造成氮肥利用效率低下，还会引起水体的污染(如富营养化)。此外，硝化作用和温室气体 N_2O、土壤酸化等问题密切相关。硝化抑制剂能够有效抑制土壤微生物硝化作用，从而减缓 NH_4^+-N 转化为 NO_3^--N 并降低 NO_3^--N 的淋溶和 N_2O 气体的排放。对 62 个野外试验的评估结果表明，硝化抑制剂增加了 NH_3 排放(平均 20%)，但是减少了可溶性无机氮的淋溶(平均–48%，区间–56%～–38%)、N_2O 排放(平均–44%，区间–48%～–39%)和 NO 排放(平均–24%，区间–38%～–8%)。硝化抑制剂累积减少了 16.5%的氮输入环境，增加了植物氮再利用(平均 58%，区间 34%～93%)、粮食产量(平均 9%，区间 6%～13%)、秸秆产量(平均 15%，区间 12%～18%)、蔬菜产量(平均 5%，区间 0%～10%)和干草产量(平均 14%，区间 8%～20%)。

新型硝化抑制剂 DMPSA 具有 DMPP 类似的 N_2O 减排能力，在 2013 年的研究中对作物产量有减产作用，但是 2014 年却没有影响(Huérfano et al., 2016)。Meta 分析显示，DCD 能显著增加作物产量 6.5%($P<0.05$)，而 DMPP 对作物产量无影响，DMPP 通常只对碱性土壤作物具有增产效果，DCD 和 DMPP 对 NH_3 排放无影响，但却能分别显著减少 N_2O 气体排放 44.7%和 47.6%($P<0.05$)(Yang et al., 2016)。硝化抑制剂和滴灌施肥结合能减少华北平原农业土壤 66%的 N_2O 排放和 95%的 NO 排放(Tian et al., 2017)。DMPP 能够显著性减少英国永久草原土壤 3 种水分(50%、65%、80 %)条件下 N_2O 和 NO 气体排放($P<0.05$)(Wu et al., 2017c)。氯甲基吡啶能显著减少菜地土壤 N_2O 排放($P<0.05$)，但是对产量无影响(陈浩等, 2017)。在西班牙的橄榄树种植园，添加硝化抑制剂 DMPP 后，施肥(50 kg N/hm^2)土壤累积 N_2O 排放量在 2011 年由 112 g N_2O-N/hm^2 降为 6 g N_2O-N/hm^2，在 2012 年由 154 g N_2O-N/hm^2 降为–116 g N_2O-N/hm^2(表现为吸收)(Maris et al., 2015)。同时，土壤累积(N_2O + N_2)排放量在 2011 年由 1774 g (N_2O + N_2)-N/hm^2 降为

101 g ($N_2O + N_2$) -N/hm^2，在 2012 年由 678 g ($N_2O + N_2$) -N/hm^2 降为 237 g ($N_2O + N_2$) -N/hm^2 (Maris et al., 2015)。橄榄油产量虽然在 2011 年由 3300 kg/hm^2 降为 2737 kg/hm^2，但在 2012 年却由 1198 kg/hm^2 增加到了 1674 kg/hm^2，缩小了大小年之间的差异 (Maris et al., 2015)。作为一种缓解策略，DCD 以溶解的方式在尿斑中添加能潜在抑制 60%～82%的 N_2O 排放(特别是在秋冬季较冷的季节)，DCD 以喷洒的方式喷在尿斑上只在秋季减少了 47%的 N_2O 排放 (Simon et al., 2018)。至于粪便，并无明显证据显示粪便中的 N_2O 排放会因 DCD 的添加而有所减少(无论 DCD 是溶解在粪便中，还是喷洒在粪便上) (Simon et al., 2018)。Wu 等 (2018b) 的研究结果表示，DMPP 的应用能够显著地降低中国北方冬小麦种植期间 67%的 N_2O 排放量和夏玉米种植期间 47%的 N_2O 排放量 ($P<0.05$)。

王雪薇等 (2017) 研究表明，硝化抑制剂 DCD、DMPP 和 CP 都对新疆灌溉灰漠土壤硝化作用具有显著性抑制效果 ($P<0.05$)。吴晓荣等 (2017) 研究表明，DCD (2%) 在培养过程中对 4 种不同茶园土壤的硝化作用的抑制效果随时间 (0～28d) 增加而呈现下降或者彻底消失的趋势，而不同浓度的 CP (0.27%、0.54%) 在培养期间对土壤硝化抑制作用效果却能持续、稳定、高效。Zhu 等 (2016c) 的室内试验研究表明，有机肥改良的土壤添加 DCD 能够高效地抑制土壤总硝化速率 50%～60%，但是对硝酸盐固定和再矿化速率无影响。Shi 等 (2016) 的研究结果表明，与酸性土壤相比，DMPP 对中性和碱性土壤具有较高的硝化抑制效果，与草地土壤相比，DMPP 对小麦和蔬菜土壤具有较高的硝化抑制效果。Florio 等 (2016) 研究表明，在 30℃和 20℃下培养 2～4 周之后，DMPP 分别减少土壤平均净硝化速率 78.3%和 84.5%，且矿质氮和有机肥具有相似的动态。

氨氧化作用是硝化作用的第一步，也是硝化抑制剂作用的重要靶向位点。一般认为异养微生物对硝化作用贡献相对较少，科学研究主要集中在化能自养型 AOB 和 AOA 上。目前能在人工无菌培养基上培养的 AOA 很少，限制了人们对 AOA 生理生化特性的了解，特别是其与 AOB 有何不同。尽管一开始人们普遍认为 AOA 和 AOB 都是通过 *amo* 氧化 NH_3，但是有证据显示，AOA 和 AOB 在氨氧化的某些方面具有不同。例如，分别施用 100 μmol/L、0.4 μmol/L、10 μmol/L 的 DCD、ATU、ASU (amidinothiourea, 脒基硫脲) 就可以抑制 *Nitrosospira multiformis* (AOB) 的氨氧化活性，但是至少需要 1500 μmol/L 左右的 ATU 才可以抑制 *Nitrososphaera viennensisstrain* EN76 (AOA) 的氨氧化活性 (Shen et al., 2013)，说明 AOB 和 AOA 在机制上具有不同的氨氧化中间产物。NO 清除剂 2-苯基-4，4，5，5-四甲基咪唑啉-1-氧-3-氧基 (2-phenyl-4,4,5,5- tetramethylimidazoline-1- oxide-3-oxyl, PTIO) 能够抑制 AOA 对 NH_3 的氧化，但是对 AOB 影响很低，说明 NO 在 AOA 硝化作用中扮演着重要的角色 (Shen et al., 2013)。

最近，Shi 等(2016)研究表明，硝化抑制剂 DMPP 降低硝化速率与 AOB 活性具有很高的相关性。相反，McGeough 等(2016)研究发现硝化抑制剂受土壤特征(如土壤黏粒、土壤有机质)影响较大。Shi 等(2016)的培养试验结果表明，DMPP 添加只对 AOB 丰度具有显著降低作用($P<0.05$)，对 AOA 丰度没影响，且此过程与 NO_3^--N 浓度息息相关。CCA(canonical correspondence analysis)分析显示 pH 是影响 AOB 和 AOA 群落结构组成的最重要因素，但是无论是 NH_4NO_3 还是 DMPP 添加，都对 AOA 和 AOB 群落结构组成无显著影响($P\geqslant0.05$)。Florio 等(2016)研究表明，室内培养 28 天后，DMPP 能减少施肥土壤细菌 16S rRNA 基因拷贝数。Kong 等(2016)研究表明，DMPP 对砂质壤土草原土壤 AOB 和 AOA 丰度无影响。Wang 等(2017b)研究发现，冲积土壤(河北栾城小麦—玉米轮作)AOB 的 *amoA* 和 *nirK* 基因拷贝数与 N_2O 排放具有正相关关系，红壤(湖南祁阳县玉米栽培)只有 AOB 的 *amoA* 基因拷贝数与总 N_2O 排放具有正相关关系。相比于 NH_4^+-N 施肥，DCD+NH_4^+-N 处理的冲积土壤和红壤的 AOA 的 *amoA* 基因拷贝数都无显著差异($P\geqslant0.05$)，冲积土壤和红壤 AOB 的 *amoA* 基因拷贝数降低，冲积土壤 *nirK* 基因拷贝数降低，红壤 *nirK* 基因拷贝数增加，冲积土壤 *nosZ* 基因拷贝数无显著差异($P\geqslant0.05$)，增加红壤 *nosZ* 基因拷贝数。

脲酶抑制剂是指对土壤脲酶活性有抑制作用的一类物质。在农业尿素施肥土壤中，添加脲酶抑制剂，能够抑制土壤脲酶活性并减缓尿素水解，间接缓解 NH_4^+-N 转化为 NO_3^--N，从而减少土壤表面 NH_3 排放(NH_3 本身不是温室气体，但是它是 N_2O 等气体产生的间接来源)，增加氮肥利用效率，降低 NO_3^--N 淋溶。脲酶抑制剂种类繁多，大致可分为以下六大类："Urea 类似物"(如羟基 Urea 和硫脲)、"氧肟酸类化合物"(乙酰氧肟酸)、"苯基磷酰二胺及其衍生物"(如磷酰酯、磷酰胺和硫代磷酰胺)、"巯基类化合物"(如巯基乙醇)、"硼酸及其衍生物"、"重金属离子"(如 Cu^{2+}、Ag^+、Hg^+)(周旋等，2016)。大多数脲酶抑制剂存在潜在环境污染和成本高昂等特点，实践推广的很少，其中正丁基硫代磷酰三胺[*N*-(*n-Butyl*) thiophosphoric triamiden，BTPT，有的简写为 NBPT]是最有效的脲酶抑制剂之一。

脲酶是一种含有 2 个 Ni-O-配位体的寡聚酶，具有绝对的专一性，能够特异性地催化 Urea 水解为 NH_3 和 CO_2。尿素只与脲酶的 1 个特异性镍(Ni)-*O*-配位体结合，而NBPT却能与脲酶的2个Ni-*O*-配位体结合，然后形成一个三齿配体(Manunza et al., 1999)，从而达到抑制脲酶活性的作用。

Meta 分析显示，土壤 NH_3 排放与氮输入呈非线性响应(高于线性排放)(Jiang et al., 2017)，而使用脲酶抑制剂能很好地抑制 NH_3 排放。例如，用量超过 530 mg NBPT/kg Urea 的甘蔗秸秆覆盖土壤的 NH_3 排放具有延迟性且累积排放量下降，在 0～1000 mg NBPT/kg Urea 范围内，NH_3 排放与 NBPT 用量呈线性关系(试验用量为 0 mg NBPT/kg Urea、530 mg NBPT/kg Urea、850 mg NBPT/kg Urea、1500 mg NBPT/kg Urea、2000 mg NBPT/kg Urea）（Mira et al., 2017）。Hube 等（2017）研究还表明，NBPT 分别显著地增加燕麦作物产量 27%和氮吸收 33%（$P<0.05$）。

综合评估显示，使用脲酶抑制剂能减少 80%的 N_2O 排放（Sanz-Cobena et al., 2017）。但是 Volpi 等（2017）的研究却表明，NBPT（0.07%，NBPT/Urea-N，*m*/*m*，质量比）对 N_2O 排放无影响。van der Weerden 等（2016）研究表明在新西兰奶场，NBPT（250 mg NBPT/kg Urea）对 Urea 施肥（50 kg Urea-N/hm^2）处理的 EF［EF=（Urea 施肥 N_2O 总量-对照 N_2O 总量）/Urea-N］无影响。

此外，Meta 分析显示，NBPT 能减少碱性土壤 N_2O 排放，但是对酸性土壤无影响（Fan et al., 2018），这说明 pH 在 NBPT 调节 N_2O 排放时起到了关键性作用。为了验证这一假设，他们进一步的室内试验结果表明，NBPT 能够减缓 Urea 水解和抑制硝化作用，但是会刺激碱性土壤（pH 8.05）的 N_2O 排放，对酸性土壤（pH 4.85）的 N_2O 排放的抑制效果不是特别突出（Fan et al., 2018），这说明 NBPT 对土壤 N_2O 排放的影响，不仅仅是 pH 在调节，可能还有很多其他因素在起作用。

通常，在尿素施肥过程中，脲酶抑制剂会与硝化抑制剂和生物质炭等其他减排措施联合使用。脲酶抑制剂和硝化抑制剂联合使用能减少 30%的 N_2O 排放（Thapa et al., 2016）。Zhu 等（2015）野外研究结果表明，在 519 kg Urea-N/hm^2 施肥条件下，NBPT（0.3%，NBPT/Urea-N，*m*/*m*，质量比）和 DCD（0.3%，DCD/Urea-N，*m*/*m*，质量比）联合使用虽然对香蕉产量无影响，但是能减少 32.1%的 N_2O 排放。Tao 等（2018）的研究也表明，Urea 加上脲酶抑制剂 NBPT 和硝化抑制剂 CP 能有效减少 N_2O 排放。He 等（2018）在小麦样地的野外试验结果表明，在 125 kg Urea-N/hm^2 施肥条件下，生物质炭（7.5 t/hm^2 和 15 t/hm^2）降低土壤平均 NH_4^+-N 含量，增加平均 NO_3^--N 含量。脲酶和硝化抑制剂配施（0.3%脲酶抑制剂 HQ+5%硝化抑制剂 DCD）增加平均 NH_4^+-N 含量，降低平均 NO_3^--N 含量。而 15 t/hm^2 生物质炭增加累积 N_2O 排放，但 7.5 t/hm^2 生物质炭对累积 N_2O 排放无影响，抑制剂能减少累积 N_2O 排放，且和生物质炭有交互效应，能联合减少累积 N_2O 排放。Ni 等（2018）使用新型脲酶抑制剂 2-NPT［*N*-（2-Nitrophenyl）phosphoric triamide，*N*-（2-硝基苯）-磷酸酰胺］与混合硝化抑制剂 DCD + TZ（1H-1, 2, 4-triazole, 1H-1, 2, 4-苯三唑），在 Urea 添加的情况下进行的室内培养研究结果表明，虽然累积 N_2O 排放（Urea 处理 = Urea + 脲酶抑制剂处理）＞（CK 处理 = Urea+脲酶抑制剂处理= Urea+脲酶抑制剂+硝化抑制剂处理），但是累积 NH_3 排放 CK 处理＞（Urea + 脲酶抑制剂处理 = Urea + 脲酶抑制剂 + 硝化抑制剂处理）＞（Urea 处理 = Urea + 硝化抑制剂处理），也就是说脲酶抑制剂能显著减少累积 NH_3 排放（$P<0.05$），对累积 N_2O 排放无显著影响，只有联合使用硝化抑制剂，才能更好地减少 Urea-N 损失。Dong 等（2018）研究表明，

在 6 年的野外旱地玉米样地，“Urea（180 kg N/hm^2）+脲酶抑制剂（HQ，1.8 kg/hm^2）+硝化抑制剂（DCD，5.4 kg/hm^2）”和“Urea”处理添加 10 天后，“Urea+脲酶抑制剂+硝化抑制剂”相比于“Urea”具有较低的 AOB 细菌的 *amoA* 基因拷贝数，但是 AOA 细菌的 *amoA* 基因拷贝数以及 *nirS*、*nirK*、*nosZ* 基因丰度却没有影响。Fan 等（2018）的研究结果表明，当 NBPT 加入酸性（pH4.85）或者碱性（pH8.05）土壤中，AOB 和 *ureC* 基因（编码脲酶的 α 亚基）相关的细菌丰度减少，但是 AOA 丰度增加。

第7章　研究展望

7.1　土壤酸化现状

土壤酸化作为目前油茶集约化经营中的一大难题，其影响深远，亟待解决。虽然油茶本身会导致土壤的持续酸化，无机氮肥的大量盲目施用却是造成土壤酸化的主要原因。化肥的不合理施用将会导致土壤中一些重金属元素含量的上升及土壤肥力的下降，进而影响油茶及茶叶的产量和品质。由于油茶林土壤酸化存在多方面复杂的原因，在研究的深度和广度上尚存在不足之处。此外，目前针对土壤酸化与氮循环的研究主要关注茶园、稻田等农林业生态系统，对于油茶林等重要的经济林生态系统目前鲜有报道。由于不同产区、不同类型的油茶林受油茶品种生理生态学特征、酸沉降、土壤背景值等环境因子影响程度不同，加之成土母质、土地利用、油茶管理方法等的差异，在不同地区、不同经营类型油茶林开展油茶林经营与土壤酸化和氮循环等相关研究，对于缓解油茶林土壤酸化及氮流失等问题将具有重要的现实意义。

油茶与茶树同属同科，同样会导致土壤酸化，而油茶林分布面积远大于茶园，油茶林集约化经营导致的土壤酸化现象可能更为普遍，其对土壤氮等养分循环的影响可能更为深远。考虑到土壤氮循环对土壤酸化的敏感响应，油茶林土壤酸化很可能与油茶林集约施肥相互作用，导致大量土壤氮的气态散失，严重降低油茶产业的经济学和生态学效益，威胁油茶产业的可持续经营和发展。尽管土壤酸化改良试剂能够在短时间内起到改良土壤酸化的效果，但是由于“反酸”等现象的发生，及其对氮循环的长期效应尚不明确，未来油茶园土壤酸化改良剂应该根据不同类型、不同区域油茶园土壤酸化的形成机制，筛选出有针对性的土壤酸化改良剂，在改良酸化土壤的同时，起到固氮保肥的作用。同时应加强生物质炭施用、新型油茶专用有机肥料开发等油茶林集约经营方面的相关研究，以尽早推出适用性广、绿色环保、有利于油茶林集约经营并有助于提高茶油产量与品质的相关产品。

7.2　土壤酸化改良研究

尽管南方地区水热条件充足，但是由于南方地区土壤普遍呈酸性，较为贫瘠，酸性土壤的农林业生产潜力并未被发掘。传统的酸性土壤改良往往单一地注重土壤酸碱程度的改变，在改良酸性土壤的同时容易带来一些不利生产的问题，例如，深层土壤的改良不到位、土壤板结、粉尘污染、改良土壤容易反酸等负面影响。随着科学技术的进步，各种新型的土壤改良剂不断涌现，酸性土壤的改良及利用理念逐渐发生转变。

不同产区、不同类型油茶林土壤酸化的影响因素存在差异，这给油茶林土壤酸化的治理带来了不确定性。因此在油茶林土壤酸化的研究中，应该广泛开展调查，明确不同区域、不同成土母质、不同类型的油茶林土壤酸化的影响因子，为油茶产业可持续经营提供理论依据。综合当前相关研究，油茶林土壤酸化改良亟待从农林业经营、生态环保、可持续发展等几个角度同时开展。

7.2.1 油茶园土壤酸性改良与土壤肥力提升

以往对酸性土壤的改良一般只关注酸性改良，往往忽视了土壤肥力方面的提升。除了铝毒，酸毒也会对酸性土壤生产力提高产生负面影响，一些土壤养分因子(磷、钙、镁)，以及微量元素在酸性土壤中都会成为生产力提高的限制因子。在这样的情况下，仅仅改良土壤的酸性效果往往不佳，因此在油茶林土壤酸性改良的过程中，着力于提高土壤 pH 的同时也应该对土壤的养分元素和微量元素进行观测，及时有效地向土壤补充缺乏的元素，调整改良策略，与土壤肥力提升协同进行。

7.2.2 科学施肥，提高施肥效率

化肥因见效快，受到广大农业工作者的青睐。但是化肥的大量施用会加速土壤酸化速率，特别是氮肥，长期大量地施用氮肥甚至会出现农作物减产的情况。而有机肥料含有部分碱性物质，施用有机肥料可以在降低土壤酸性程度的同时为土壤提供必要的养分，改善土壤的物理结构。尽管有机肥料的肥效较慢，将化肥和有机肥料进行结合施用可以充分发挥两者各自的优点，各尽所长，以达到为农业生产增产、增效的目的。

随着世界人口的增多，人类对于农产品的需求量将会越来越高。而农产品产量的提升自然离不开化学肥料的施用，因此化肥的使用量在很长一段时间内将会呈现上升的趋势。自然条件下土壤的酸化是十分缓慢的，人类的生产生活使得土壤酸化的速率不断地增加，如何缓解土壤酸化对于农林业生产、人类生活、森林生态系统稳定的影响是一个重要的课题。尽管土壤的酸化可以通过施用改良剂来缓解，但改良后的土壤也会存在反酸现象，甚至会加重土壤的酸化。随着环保督察力度的加大，由工业生产造成的酸沉降将会得到有效控制。在减少化肥施用量的同时要兼顾作物生产需求，这就需要有效地提高化肥的利用率，提高化肥利用率是减缓土壤酸化的有效途径。

因此，未来研究应从科学施肥的角度出发，从源头上杜绝施肥导致的土壤酸化和退化现象，在提升作物产量的同时降低施肥对土壤酸化的影响，提高施肥效率及其环境和生态学效应。

7.2.3 研究酸性土壤长效改良机制

油茶林土壤酸化的治理工作是一个系统工程，需要林农、高校或者科研院所、政府机构、农林业科技服务部门、企业等共同参与完成。政府管理部门应该充分发挥政府主导的作用来推动油茶林土壤酸化的治理。科研部门应该制定酸化土壤改良的标准措施来引导茶农的实际实施。农业科技部门和相关企业应该加强油茶林土壤酸化治理技术的推广，并且协助具体工作的实施。油茶经营企业和林农应该主动服从政府、科研部门和农业科技部门的安排部署来配合油茶林土壤酸化的治理。只有建立并遵循“政府主导、科技引导、农技推广、农民参与”的多部门联动机制，才能保障油茶林土壤酸化治理的顺利、持续、有效运行。

参 考 文 献

白宝璋. 1987. 钼在植物体中的生理作用[J]. 吉林农业大学学报, 9(3): 6-11, 93.

白雪, 夏宗伟, 郭彦玲, 等. 2012. 硝化抑制剂对不同旱地农田土壤 N_2O 排放的影响[J]. 生态学杂志, 31(9): 2319-2329.

曹辉, 李燕歌, 周春然, 等. 2016. 炭化苹果枝对苹果根区土壤细菌和真菌多样性的影响[J]. 中国农业科学, 49(17): 3413-3424.

曹卫东, 包兴国, 徐昌旭, 等. 2017. 中国绿肥科研 60 年回顾与未来展望[J]. 植物营养与肥料学报, 23(6): 1450-1461.

陈炳东, 黄高宝, 陈玉梁. 2008. 盐胁迫对油葵根系活力和幼苗生长的影响[J]. 中国油料作物学报, 30(3): 327-330.

陈晨, 许欣, 毕智超, 等. 2017. 生物炭和有机肥对菜地土壤 N_2O 排放及硝化、反硝化微生物功能基因丰度的影响[J]. 环境科学学报, 35(5): 1912-1920.

陈浩, 李博, 熊正琴. 2017. 减氮及硝化抑制剂对菜地氧化亚氮排放的影响[J]. 土壤学报, 54(4): 938-947.

陈家生. 2018. 不同海拔营造普通油茶与龙眼茶的效果分析[J]. 南方农业, 12(20): 61-63.

陈屏昭, 何嵋, 袁晓春. 2007. 喷施亚硫酸氢钠溶液对缺硫脐橙光合生理特性的影响[J]. 应用生态学报, 18(2): 327-332.

陈燕霞, 唐晓东, 游媛, 等. 2009. 石灰和沸石对酸化菜园土壤改良效应研究[J]. 广西农业科学, 40(6): 700-704.

陈永忠, 肖志红, 彭邵锋, 等. 2006. 油茶果实生长特性和油脂含量变化的研究[J]. 林业科学研究, 19(1): 9-14.

陈勇. 2010. 油茶低产林改造技术[J]. 安徽林业科技, (2): 26-28.

程正芳, 宋木兰, 童云娟, 等. 1994. 苏南低产茶园土壤障碍因素研究[J]. 茶叶, 20(1): 18-22.

褚长彬, 吴淑杭, 张学英, 等. 2012. 有机肥与微生物肥配施对柑橘土壤肥力及叶片养分的影响[J]. 中国农学通报, 28(22): 201-205.

闯绍娟. 2012. 经济林树体整理[J]. 黑龙江科技信息, (26): 224.

邓邦良. 2016. 增温和氮沉降对武功山修复草甸土壤碳氮过程的影响研究[D]. 南昌: 江西农业大学硕士学位论文.

丁洪, 蔡贵信, 王跃思, 等. 2001. 华北平原几种主要类型土壤的硝化及反硝化活性[J]. 农业环境保护, 20(6): 390-393.

丁瑞兴, 李庆, 康宋木兰. 1988. 苏皖南部丘陵区茶园土壤肥力性质的研究[J]. 土壤通报, (5): 193-196.

丁怡飞, 曹永庆, 姚小华. 2018. 鼠茅草间作对油茶林地土壤养分及酶活性的影响[J]. 林业科学研究, 31(2): 174-179.

董素钦. 2006. 果园套种牧草对生态环境、培肥地力的影响[J]. 现代农业科技, (12): 11-12.

董玉红, 欧阳竹, 李运生, 等. 2005. 肥料施用及环境因子对农田土壤CO_2和N_2O排放的影响[J]. 农业环境科学报, 24(5): 913-918.

杜睿, 王庚辰, 吕达仁, 等. 2001. 箱法在草地温室气体通量野外实验观测中的应用研究[J]. 大气科学, 25(1): 61-70.

段玉云, 桂敏, 曾黎琼, 等. 2008. 不同尿素施用量对非洲菊苗期生长和开花的影响[J]. 西南农业学报, 21(3): 680-683.

范庆锋. 2009. 保护地土壤酸度特征及酸化机理研究[D]. 沈阳: 沈阳农业大学博士学位论文.

范庆锋, 张玉龙, 陈重, 等. 2009. 保护地土壤酸度特征及酸化机制研究[J]. 土壤学报, 46(3): 466-471.

范晓晖, 朱兆良. 2002. 我国几种农田土壤硝化势的研究[J]. 土壤通报, 33(2): 124-125.

方兴汉. 1987. pH 对茶树生理活动的影响[J]. 茶叶科学, 7(1): 15-22.

封克, 汤炎, 钱晓晴, 等. 1999. 施用石灰对酸性土壤中氧化亚氮形成的影响[J]. 土壤与环境, 8(3): 198-202.

冯纪福. 2010. 我国油茶产业发展的主要模式及模式选择要素研究[J]. 林产工业, 37(1): 58-61.

冯振华. 2012. 油茶起苗后的保水处理对苗木质量的影响[D]. 福州: 福建农业大学硕士学位论文.

高飞. 2016. 氮肥形态调控对玉米生长发育及根际养分利用的影响[D]. 长春: 东北农业大学硕士学位论文.

高一宁. 2013. 铁肥虹吸输液矫正苹果缺铁失绿症及机理研究[D]. 南宁: 广西大学硕士学位论文.

顾训明, 薛进军, 崔芳. 2007. 养殖蚯蚓对芒果园土壤理化性质的影响[J]. 东南园艺, (2): 24-27.

郭静. 2017. ‘阳丰’甜柿园土壤和树体养分年动态变化及平衡施肥设计[D]. 杨凌: 西北农林科技大学硕士学位论文.

郭琳. 2008. 茶园土壤的酸化与防治[J]. 茶叶科学技术, (2): 16 -17.

郭向阳, 王鲲鹏. 2008. 低产油茶树改造整形修剪技术[J]. 林业与生态, (7): 16-17.

郭晓敏. 2003. 毛竹林平衡施肥及营养管理研究[D]. 南京: 南京林业大学博士学位论文.

郭艳亮. 2017. 大气 CO_2 浓度升高对旱作覆膜玉米农田土壤碳氮过程的影响[D]. 杨凌: 西北农林科技大学硕士学位论文.

韩宁林. 2000. 我国油茶优良无性系的选育与应用[J]. 林业工程学报, 14(4): 31-33.

郝志鹏, 董红敏, 陶秀萍, 等. 2005. 铝箔复合膜气袋对温室气体吸附性的试验研究[J]. 农业工程学报, 21(11): 138-140.

何小燕. 2012. 弱光胁迫对油茶幼林光合特性和生长的影响[D]. 长沙: 中南林业科技大学硕士学位论文.
何应会. 2010. 油茶优良无性系果实油脂转化期光合特性研究[D]. 长沙: 中南林业科技大学硕士学位论文.
何振, 李迪强, 李密. 2016. 不同垦复方式油茶林土壤节肢动物多样性特征[J]. 应用昆虫学报, 53(6): 1361-1368.
贺纪正, 张丽梅. 2009. 氨氧化微生物生态学与氮循环研究进展[J]. 生态学报, 29(1): 406-415.
胡德春, 李贤胜, 尚健, 等. 2006. 不同改良剂对棕红壤酸性的改良效果[J]. 土壤, 38(2): 206-209.
胡冬南, 刘亮英, 张文元. 2013. 江西油茶林地土壤养分限制因子分析[J]. 经济林研究, 31(1): 1-6.
胡冬南, 牛德奎, 张文元. 2015. 钾肥水平对油茶果实性状及产量的影响[J]. 林业科学研究, 28(2): 243-248.
胡官保, 蒋富强. 2015. 油茶幼林施肥试验[J]. 湖南林业科技, 42(4): 48-51.
胡小康, 王真, 王兰英. 2014. 油茶低产林分类改造技术要点[J]. 林业科技, 39(3): 37-38.
胡玉玲, 姚小华, 任华东. 2015. 主要环境因素对油茶成花的影响[J]. 热带亚热带植物学报, 23(2): 211-217.
胡雲飞, 李荣林, 杨亦扬. 2015. 生物炭对茶园土壤 CO_2 和 N_2O 排放量及微生物特性的影响[J]. 应用生态学报, 26(7): 1954-1960.
黄昌勇. 2000. 土壤学[M]. 北京: 中国农业出版社, 311.
黄从根. 2014. 油茶低产林改造及其成效[J]. 现代农业科技, (22): 160-161.
黄国宏, 陈冠雄, 韩冰, 等. 1999. 土壤含水量与 N_2O 产生途径研究[J]. 应用生态学报, 10(1): 55-58.
黄国宏, 陈冠雄, 张志明, 等. 1998. 玉米田 N_2O 排放及减排措施研究[J]. 环境科学学报, 18(4): 10-15.
黄凌云. 2013. 测土配方施肥技术的作用与依据[J]. 吉林农业大学学报, (1): 80-82.
黄耀. 2006. 中国的温室气体排放、减排措施与对策[J]. 第四纪研究, 26(5): 722-732.
黄耀, 焦燕, 宗良纲, 等. 2002. 土壤理化特性对麦田 N_2O 排放影响的研究[J]. 环境科学学报, 22(5): 598-602.
贾斌凯. 2017. 给水厂排泥水中镉污染控制技术的实验研究[D]. 西安: 西安理工大学硕士学位论文.
简令成, 王红. 2008. Ca^{2+}在植物细胞对逆境反应和适应中的调节作用[J]. 植物学通报, 25(3): 255-267.
江永红, 宇振荣, 马永良. 2001. 秸秆还田对农田生态系统及作物生长的影响[J]. 土壤通报, 32(5): 209-213.

姜军, 徐仁扣, 李九玉, 等. 2007. 两种植物物料改良酸化茶园土壤的初步研究[J]. 土壤, 39(2): 322-324.

焦晋川, 张光国, 李昌贵, 等. 2010. 油茶扦插生根剂及营养液试验初报[J]. 四川林业科技, 31(5): 70-72.

巨晓棠, 刘学军, 张福锁. 2002. 小麦苗期施入氮肥在土壤不同氮库的分配和去向[J]. 植物营养与肥料学报, 8(3): 259-264.

赖飞, 张宝林, 杨清, 等. 2012. 凤冈县茶园土壤 pH 变异特征及调控对策[J]. 农技服务, 29(5): 570-571, 587.

李丹, 倪中应, 章林英. 2014. 桐庐县旱地土壤肥力现状及其培肥对策[J]. 浙江农业科学, (11): 1767-1770.

李定妮. 2000. 浏阳市油茶产业化发展现状及对策[J]. 湖南林业科技, 27(1): 67-70.

李建峰, 宋宇, 李蒙蒙, 等. 2015. 江汉平原秸秆焚烧污染物排放的估算[J]. 北京大学学报(自然科学版), 51(4): 647-656.

李九玉, 王宁, 徐仁扣. 2009. 工业副产品对红壤酸度改良的研究[J]. 土壤, 41(6): 932 -939.

李娟. 2008. 施肥及刈割对白三叶克隆生长影响的研究[D]. 长春:吉林大学硕士学位论文.

李娜. 2012. 低碳经济背景下公路运输碳排放交易体系构建研究[D]. 广州: 广东工业大学硕士学位论文.

李鹏程, 董合林, 刘爱忠. 2015. 施氮量对棉花功能叶片生理特性、氮素利用效率及产量的影响[J]. 植物营养与肥料学报, 21(1): 81-91.

李庆康. 1987. 茶园土壤酸化研究的现状及展望[J]. 土壤通报, (2): 69-71.

李爽, 张玉龙, 范庆峰, 等. 2012. 不同灌溉方式对保护地土壤酸化特征的影响[J]. 土壤学报, 49(5): 909-915.

李小梅, 郭晓敏, 胡冬南. 2013. 钾素水平对油茶果形生长的影响[J]. 经济林研究, 31(4): 93-97.

李振纪. 1975. 油茶冬季深挖垦复[J]. 湖南林业科技, (10): 13, 28-29.

李振纪. 1978. 深挖垦复是促进油茶增产的关键措施[J]. 林业科技通讯, (11): 10-12, 16.

李振纪. 1979. 油茶间种大有可为[J]. 林业科技通讯, 3(10): 10-11.

李振纪, 吴才知, 黄中. 1976. 油茶耕作制度上的创新-壕沟抚育施肥[J]. 林业科技通讯, (7): 14-15.

梁巍, 张颖, 岳进, 等. 2004. 长效氮肥施用对黑土水旱田 CH_4 和 N_2O 排放的影响[J]. 生态学杂志, 23(3): 44-48.

廖万有. 1997. 我国茶园土壤物理性质研究概况与展望[J]. 土壤, (3): 121-124, 136.

廖万有. 1998. 我国茶园土壤的酸化及防治[J]. 农业环境保护, 17(4): 178 -180.

林海蛟. 2014. 放牧与植物多样性对草地氮循环的影响[D]. 长春: 东北师范大学硕士学位论文.

林伟, 房福力, 张薇, 等. 2017. 稳定同位素技术在土壤 N_2O 溯源研究中的应用[J]. 应用生态学报, 28(7): 2344-2352.

林伟, 张薇, 李玉中, 等. 2016. 有机肥与无机肥配施对菜地土壤 N_2O 排放及其来源的影响[J]. 农业工程学报, 32(19): 148-153.

林岩, 段雷, 杨永森. 2007. 模拟氮沉降对高硫沉降地区森林土壤酸化的贡献[J]. 环境科学, 28(3): 640-646.

刘芳, 李琪, 申聪聪, 等. 2014. 长白山不同海拔梯度裸肉足虫群落分布特征[J]. 生物多样性, 22(5): 608-617.

刘峰. 2017. 不同施肥处理下三种典型旱地土壤 N_2O 排放特征和微生物机理的研究[D]. 太原: 山西大学硕士学位论文.

刘海英. 2011. 油茶组培再生体系建立及愈伤组织诱导[D]. 武汉: 华中农业大学硕士学位论文.

刘华铁. 2013. 常宁市油茶产业化发展研究[D]. 长沙: 湖南农业大学硕士学位论文.

刘建松, 刘逊忠, 陆廷昔. 2002. 碱性肥料在酸性水稻土上应用试验[J]. 广西农业科学, (4): 184.

刘俊萍, 胡冬南, 孟凡虎. 2017. 油茶林紫色土土壤养分限制因子分析[J]. 福建林业科技, 44(4): 37-40, 55.

刘美雅, 伊晓云, 石元值, 等. 2015. 茶园土壤性状及茶树营养元素吸收、转运机制研究进展[J]. 茶叶科学, 35(2): 110 -120.

刘文干. 2012. 三株红壤高效溶磷菌的分离、鉴定、溶磷特性及其对花生促生效应的研究[D]. 南京: 南京农业大学硕士学位论文.

刘学锋. 2013. 测土配方施肥对油茶高产无性系生长结实的影响[D]. 南昌: 江西农业大学硕士学位论文.

卢海芬. 2015. 反光膜和矿质营养元素对红肉脐橙果实品质的影响[D]. 福州: 福建农林大学硕士学位论文.

卢树昌, 牟善积. 2001. 现代持续农业平衡施肥探讨[J]. 西北农林科技大学学报(自然科学版), 29(S1): 135-138.

卢瑛, 卢维盛. 1999. 砖红壤磷的有效性及其与土壤化学元素关系研究[J]. 华南农业大学学报, 20(3): 90-93.

陆建良, 梁月荣, 吴颖. 2004. 茶树根际土壤真菌 ALF-1(*Neurospora* sp.)耐酸铝基因片段克隆[J]. 茶叶科学, 24(1): 41-43.

罗凡, 费学谦, 方学智. 2011. 固相萃取/高效液相色谱法测定茶油中的多种天然酚类物质[J]. 分析测试学报, 30(6): 696-700.

罗健, 陈永忠, 杨正华, 等. 2014. 修剪对油茶果实经济性状的影响[J]. 中国农学通报, 30(19): 61-65.

罗敏. 2006. 江苏省茶园土壤酸化现状及其影响因素研究[D]. 南京: 南京农业大学硕士学位论文.

罗敏, 宗良纲, 陆丽君, 等. 2006. 江苏省典型茶园土壤酸化及其对策分析[J]. 江苏农业科学, (2): 139-142.

罗媛. 2013. 菹草根、叶对钙的吸收、释放机制研究[D]. 武汉: 华中农业大学硕士学位论文.

毛佳. 2009. 茶树根系质子的分泌及茶园酸化土壤的调控[D]. 南京: 南京农业大学硕士学位论文.

毛佳, 徐仁扣, 黎星辉. 2009. 氮形态转化对豆科植物物料改良茶园土壤酸度的影响[J]. 生态与农村环境学报, 25(4): 42-45.

蒙园园, 石林. 2017. 矿物质调理剂中铝的稳定性及其对酸性土壤的改良作用[J]. 土壤, 49(2): 345-349.

孟赐福, 水建国, 吴益伟, 等. 1999. 红壤旱地施用石灰对土壤酸度、油菜产量和肥料利用率的长期影响[J]. 中国油料作物学报, 21(2): 45-48.

孟红旗. 2013. 长期施肥农田的土壤酸化特征与机制研究[D]. 杨凌: 西北农林科技大学博士学位论文.

孟红旗, 刘景, 徐明岗, 等. 2013. 长期施肥下我国典型农田耕层土壤的 pH 演变[J]. 土壤学报, 50(6): 1109-1116.

宁德彦, 秦绍文. 2013. 浅谈草木灰的主要用途[J]. 农业开发与装备, (11): 95.

欧克立, 陈真权, 奚如春. 2010. 油茶大树嫁接采穗圃营建技术[J]. 广东林业科技, 26(5): 91-93, 96.

潘根兴, 冉炜. 1994. 中国大气酸沉降与土壤酸化问题[J]. 热带亚热带土壤科学, (4): 243- 252.

潘晓杰, 侯红波, 廖芳. 2003. 配方施肥对油茶中幼林营养生长的影响[J]. 中南林学院学报, 23(2): 82-84.

彭邵锋. 2008. 不同产量的油茶无性系光合特性研究[D]. 长沙: 中南林业科技大学硕士学位论文.

彭邵锋. 2014. 油茶品种资源现状与良种筛选技术[J]. 绿色科技, (11): 148, 150.

彭映赫, 伍利奇, 陈永忠, 等. 2016. 间种对油茶幼林生长的影响及效益分析[J]. 湖南林业科技,43 (2): 19-22.

齐莎, 赵小蓉, 郑海霞, 等. 2010. 内蒙古典型草原连续 5 年施用氮磷肥土壤生物多样性的变化[J]. 生态学报, 30(20): 5518-5526.

乔春连, 布仁巴音. 2018. 合成氮肥对中国茶园土壤养分供应和活性氮流失的影响[J]. 土壤学报, 55(1): 174-181.

沈仁芳. 2008. 铝在土壤-植物中的行为及植物的适应机制[M]. 北京: 科学出版社: 1-258.

史锟, 朱媛美, 崔俊锋. 2014. 芦苇湿地处理垃圾渗滤液秋季氮环境效益[J]. 大连交通大学学报, 35(S1): 174-176.

史永江. 2004. 矿质营养水平对核桃幼树生长发育的影响[D]. 保定: 河北农业大学硕士学位论文.

施晓云. 2013. 不同品种油茶林氮磷钾养分分配规律的研究[D]. 南昌: 江西农业大学硕士学位论文.

束庆龙. 2009. 中国油茶栽培与病虫害防治[M]. 北京: 中国林业出版社: 1-204.

束庆龙. 2013. 油茶栽培技术[M]. 合肥: 中国科学技术大学出版社: 1-201.

苏有健, 王烨军, 张永利, 等. 2018. 茶园土壤酸化阻控与改良技术[J]. 中国茶叶, 40(3): 9-11, 15.

孙海军, 闵炬, 施卫明, 等. 2017. 硝化抑制剂影响小麦产量、N_2O 与 NH_3 排放的研究[J]. 土壤, 49(5): 876-881.

孙雪, 刘琪琪, 郭虎, 等. 2016. 猪粪生物质炭对土壤肥效及小白菜生长的影响[J]. 农业环境科学学报, 35(9): 1756-1763.

孙志强, 郝庆菊, 江长胜, 等. 2010. 农田土壤 N_2O 的产生机制及其影响因素研究进展[J]. 土壤通报, 41(6): 1524-1530.

谭自. 2016. 油茶林对第四纪网纹红壤的水土保持效益研究[D]. 长沙: 中南林业科技大学硕士学位论文.

唐健, 覃祚玉, 邓小军. 2015. 广西孟江油茶叶片营养 DRIS 诊断[J]. 福建林业科技, 42(1): 11-15, 42.

唐丽华. 2006. 区域森林主要灾害与空间结构关系的适应性评价方法研究[D]. 北京: 北京林业大学硕士学位论文.

陶其骧. 1996. 江西省平衡施肥的回顾与展望[J]. 江西农业学报, 8(2): 71-75.

万运帆, 李玉娥, 林而达, 等. 2006. 静态箱法测定旱地农田温室气体时密闭时间的研究[J]. 中国农业气象, 27(2): 122-124.

王二燕. 2012. 园林树木冬季修剪方法[J]. 现代园艺, (3): 56-57.

王洪媛, 盖霞普, 翟丽梅, 等. 2016. 生物炭对土壤氮循环的影响研究进展[J]. 生态学报, 36(19): 5998-6011.

王辉, 徐仁扣, 黎星辉. 2011. 施用碱渣对茶园土壤酸度和茶叶品质的影响[J]. 生态与农村环境学报, 27(1): 75-78.

王金缘. 2018. 植物内生菌对铝胁迫下水稻幼苗缓解作用的研究[D]. 沈阳: 沈阳师范大学硕士学位论文.

王静, 任安芝, 谢凤行. 2005. 几种诱导黑麦草 *Lolium perenne* L.内生真菌产孢的方法[J]. 菌物学报, 24(4): 590-596.

王丽凤. 2017. 基于高光谱成像的寒地玉米叶片氮素营养诊断的研究[D]. 长春: 东北农业大学硕士学位论文.

王梅, 蒋先军. 2017. 施用石灰与钙蒙脱石对酸性土壤硝化动力学过程的影响[J]. 农业资源与环境学报, 34(1): 47-53.

王宁, 李九玉, 徐仁扣. 2007. 土壤酸化及酸性土壤的改良和管理[J]. 安徽农学通报, 13(23): 48-51.

王荣荣, 赖欣, 李洁, 等. 2016. 花生壳生物炭对硝态氮的吸附机制研究[J]. 农业环境科学学报, 35(9): 1727-1734.

王水良, 王平, 许建华. 2013. 酸沉降胁迫对不同家系马尾松幼苗耐酸性的影响[J]. 林业科学, 49(7): 158-162.

王文娟, 杨知建, 徐华勤. 2015. 我国土壤酸化研究概述[J]. 安徽农业科学, 43(8): 54-56.

王晓君. 2017. 不同类型西瓜品种对施氮水平的响应[D]. 兰州: 甘肃农业大学硕士学位论文.

王雪薇, 刘涛, 褚贵新. 2017. 三种硝化抑制剂抑制土壤硝化作用比较及用量研究[J]. 植物营养与肥料学报, 23(1): 54-61.

王彦玲. 2010. 我国玉米核心种质磷胁迫蛋白质表达差异和基因组 SSR 分析[D]. 郑州: 郑州大学硕士学位论文.

王玉霞. 2013. 不同林地经营模式的特征、影响因素和绩效分析——以江西省油茶种植为例[D]. 南京: 南京农业大学硕士学位论文.

温延臣. 2016. 不同施肥制度潮土养分库容特征及环境效应[D]. 北京: 中国农业科学院博士学位论文.

翁国旺. 2017. 油茶园艺化栽培技术的应用分析[J]. 林业科技通讯, (2): 70-73.

吴晓荣, 张蓓蓓, 余云飞, 等. 2017. 硝化抑制剂对典型茶园土壤尿素硝化过程的影响[J]. 农业环境科学学报, 36(10): 2063-2070.

吴炜. 2014. 普通油茶生长及生理生化指标对其北缘不同生境的响应[D]. 合肥: 安徽农业大学博士学位论文.

吴志丹, 尤志明, 江福英, 等. 2012. 生物黑炭对酸化茶园土壤的改良效果[J]. 福建农业学报, 27(2): 167-172.

肖端, 巫县平. 2011. 兴国县水土流失区发展油茶经济林的必要性及其营造技术[J]. 现代农业科技, (14): 233.

谢庭生, 李红, 王芳. 2019. 红壤油茶幼林地间种绿肥牧草的培肥效应[J]. 中南林业科技大学学报, 39(3): 1-9.

邢世和, 熊德中, 周碧青. 2005. 不同土壤改良剂对土壤生化性质与烤烟产量的影响[J]. 土壤通报, 36(1): 72-75.

幸潇潇. 2011. 黄竹林平衡施肥土壤养分空间变异及叶片养分诊断法研究[D]. 南昌: 江西农业大学硕士学位论文.

熊又升, 袁家富, 赵书军. 2009. 不同改良剂对棕红壤酸性及作物产量的影响初报[J]. 湖南农业科学, 48(9): 2087-2089.

熊正琴, 邢光熹, 鹤田治雄, 等. 2002. 种植夏季豆科作物对旱地氧化亚氮排放贡献的研究[J]. 中国农业科学, 35(9): 1104-1108.

徐畅, 高明. 2007. 土壤中镁的化学行为及生物有效性研究进展[J]. 微量元素与健康研究, 24(5): 51-54.

徐楚生. 1993. 茶园土壤 pH 近年来研究的一些进展[J]. 茶业通报, (3): 1-4.

徐华, 邢光熹, 蔡祖聪, 等. 2000. 土壤质地对小麦和棉花田 N_2O 排放的影响[J]. 农业环境保护, 19(1): 1-3.

徐仁扣. 2016. 秸秆生物质炭对红壤酸度的改良作用: 回顾与展望[J]. 农业资源与环境学报, 33(4): 303-309.

徐仁扣, Coventry D R. 2002. 某些农业措施对土壤酸化的影响[J]. 农业环境保护, 21(5): 385-388.

徐仁扣, 赵安珍, 姜军. 2011. 酸化对茶园黄棕壤 CEC 和黏土矿物组成的影响[J]. 生态环境学报, 20(10): 1395-1398.

徐文彬. 1999. $\delta^{15}N$ 和 $\delta^{18}O$ 指标识别环境中 N_2O 生成机理[J]. 地质地球化学, 27(2): 16-21.

许国旺. 2004. 现代实用气相色谱法[M]. 北京: 化学工业出版社: 1-404.

许中坚, 刘广深, 刘维屏. 2002. 人为因素诱导下的红壤酸化机制及其防治[J]. 农业环境保护, 21(2): 175-178.

薛冬, 姚槐应, 黄昌勇. 2007. 不同利用年限茶园土壤矿化、硝化作用特性[J]. 土壤学报, 44(2): 373-378.

闫双堆, 卜玉山, 刘利军. 2006. 污泥垃圾复混肥对油菜及土壤的影响[J]. 土壤学报, 43(3): 524-527.

杨光吉. 1992. 微肥在农作物上的施用方法及效果[J]. 四川农业科技, (6): 18.

杨晶, 易镇邪, 屠乃美. 2016. 酸化土壤改良技术研究进展[J]. 作物研究, 30(2): 226-231.

杨文利, 朱平宗, 闫靖坤. 2017. 水平阶种植油茶对红壤坡地土壤理化性质的影响[J]. 水土保持学报, (5): 315-320.

杨秀霞, 李慧, 商庆银, 等. 2016. 2-氯-6-三氯甲基吡啶对水稻生长和氮吸收的影响[J]. 土壤通报, 47(5): 1177-1182.

杨扬. 2011. 西南地区小果油茶群体遗传结构及脂肪酸成分变异分析[D]. 长沙: 湖南农业大学硕士学位论文.

杨云, 黄耀, 姜纪峰. 2005. 土壤理化特性对冬季菜地 N_2O 排放的影响[J]. 农村生态环境, 21(2): 7-12.

杨育春. 2017. 桃树"青烫病"发病调查研究[D]. 杨凌: 西北农林科技大学硕士学位论文.

姚槐应. 2002. 不同利用年限茶园土壤的化学及微生物生态特征研究[J]. 浙江农业科学, (3): 27-29.

姚小华, 王开良, 任华东. 2011. 油茶资源与科学利用研究[M]. 北京: 科学出版社: 1-472.

姚志生, 郑循华, 周再兴, 等. 2006. 太湖地区冬小麦田与蔬菜地 N_2O 排放对比观测研究[J]. 气候与环境研究, 11(6): 691-701.

叶彬彬. 2008. 重金属 Zn、Cd 对红树植物秋茄幼苗的生理生态效应研究[D]. 厦门: 厦门大学硕士学位论文.

殷恒亮. 2005. 油茶林垦复技术简介[J]. 安徽林业科技, (4): 35.

伊霞. 2009. 微肥配施对紫花苜蓿干草产量及营养品质的影响研究[D]. 保定: 河北农业大学硕士学位论文.

游剑滢. 2016. 不同修剪时间对油茶果实性状的影响[J]. 安徽农学通报, 22(16): 43-44.

游璐, 郭晓敏, 李小梅. 2014. 钾素水平对油茶生长和结实的影响[J]. 浙江林业科技, 34(5): 37-42.

于天仁. 1988. 中国土壤的酸度特点和酸化问题[J]. 土壤通报, 19(2): 3-5.

于兆国, 张淑香. 2008. 不同磷效率玉米自交系根系形态与根际特征的差异[J]. 植物营养与肥料学报, 14(6): 1227-1231.

余金顺, 周俊远, 毛江水, 等. 1983. 丘陵红壤茶园土壤肥力状况与改良熟化初步探讨[J]. 蚕桑茶叶通讯, (4): 1-7.

余涛, 杨忠芳, 唐金荣, 等. 2006. 湖南洞庭湖区土壤酸化及其对土壤质量的影响[J]. 地学前缘, 13(1): 98-104.

俞元春, 白玉杰, 俞小鹏. 2013. 油茶林施肥效应研究概述[J]. 林业工程学报, 27(2): 1-4.

袁玲, 杨邦俊, 郑兰君. 1997. 长期施肥对土壤酶活性和氮磷养分的影响[J]. 植物营养与肥料学报, 3(4): 300-306.

袁敏, 文石林, 秦琳. 2012. 湘南红壤丘陵区不同生态模式水土流失特征[J]. 水土保持学报, 26(6): 21-26.

袁珍贵, 陈平平, 唐琨. 2014. 土壤酸化对晚稻产量的影响及品种耐酸性比较[J]. 作物研究, 28(6): 585-588.

曾其龙, 陈荣府, 赵学强. 2012. 油茶根系吸收铝导致生长介质酸化[J]. 土壤, 44(5): 834-837.

曾智浪, 刘志军. 2013. 立地条件对油茶病情指数的影响[J]. 内蒙古林业科技, 39(1): 31-32.

詹书侠, 陈伏生, 胡小飞, 等. 2009. 中亚热带丘陵红壤区森林演替典型阶段土壤氮磷有效性[J]. 生态学报, 29(9): 4673-4680.

张北赢, 陈天林, 王兵. 2010. 长期施用化肥对土壤质量的影响[J]. 中国农学通报, 26(11): 182-187.

张昌爱. 2003. 大棚土壤模拟酸化对蔬菜根系生态环境的影响[D]. 泰安: 山东农业大学硕士学位论文.

张国武. 2007. 油茶优良无性系性状表现的比较分析与评价[D]. 南昌: 江西农业大学博士学位论文.

张广琰, 李谋成, 张永昌. 1965. 油茶的生物学特性与生产的关系[J]. 生物学通报, (4): 7-11.

张洪霞. 2011. 红壤旱地和稻田土壤磷素微生物转化及其有效性研究[D]. 长沙: 湖南农业大学硕士学位论文.

张佳蕾, 郭峰, 杨莎, 等. 2018. 不同肥料配施对酸性土钙素活化及花生产量和品质的影响[J]. 水土保持学报, 32(2): 270-275, 320.

张丽娜. 2008. 氮磷钾配施对小根蒜产量和品质的影响[D]. 贵阳: 贵州大学硕士学位论文.

张苗苗, 沈菊培, 贺纪正, 等. 2014. 硝化抑制剂的微生物抑制机理及其应用[J]. 农业环境科学学报, 33(11): 2077-2083.

张倩. 2011. 江苏省典型茶园土壤酸化动态及调控措施研究[D]. 南京: 南京农业大学硕士学位论文.

张强, 龙民慧, 宋运贤. 2018. 不同氮形态对濒危药用植物三叶青叶片光合、能量分配和抗氧化酶活性的影响[J]. 生态学杂志, 37(3): 877-883.

张文元, 牛德奎, 郭晓敏, 等. 2016. 施钾水平对油茶养分积累和产油量的影响[J]. 植物营养与肥料学报, 22(3): 863-868.

张雪梅. 2014. 早春大棚蔓生菜豆栽培机制的研究[D]. 长春: 吉林农业大学硕士学位论文.

赵牧秋, 金凡莉, 孙照炜. 2014. 制炭条件对生物炭碱性基团含量及酸性土壤改良效果的影响[J]. 水土保持学报, 28(4): 299-303.

赵尊康. 2013. 甘蓝型油菜硼高效基因的定位[D]. 武汉: 华中农业大学博士学位论文.

周尔槐, 童菊兰, 黄小英. 2015. 油茶生物学特性和标准建园技术[J]. 科学种养, (12): 18-20.

周厚德. 2000. 油茶成林深挖垦复抚育措施[J]. 安徽林业科技, (3): 27-28.

周金泉. 2015. 高粱分泌生物硝化抑制物 MHPP 的机制及其对土壤 N_2O 排放的影响[D]. 南京: 南京农业大学硕士学位论文.

周礼恺, 徐星凯, 陈利军, 等. 1999. 氢醌和双氰胺对种稻土壤 N_2O 和 CH_4 排放的影响[J]. 应用生态学报, 10(2): 62-65.

周鹏, 李玉娥, 刘利民, 等. 2011. 施肥处理和环境因素对华北平原春玉米田 N_2O 排放的影响——以山西晋中为例[J]. 中国农业气象, 32(2): 179-184.

周旋, 吴良欢, 戴锋. 2016. 新型磷酰胺类脲酶抑制剂对不同质地土壤尿素转化的影响[J]. 应用生态学报, 27(12): 4003-4012.

周寅杰. 2013. 油茶优良无性系干旱期耗水特性研究[D]. 长沙: 中南林业科技大学硕士学位论文.

周裕新, 鲁顺保, 胡玉玲. 2013. 不同施肥处理对油茶生长及产量的影响[J]. 江西农业大学学报, 35(6): 1183-1186.

周政贤. 1963. 油茶生态习性、根系发育及垦复效果的调查研究[J]. 林业科学, 8(4): 336-346.

钟传青. 2004. 解磷微生物溶解磷矿粉和土壤难溶磷的特性及其溶磷方式研究[D]. 南京: 南京农业大学博士学位论文.

钟文挺. 2010. 基于组件式 GIS 的四川丘区测土配方施肥信息系统研制-以安县为例[D]. 雅安: 四川农业大学硕士学位论文.

朱丛飞, 华思德, 冯杰, 等. 2017. 不同氮磷钾配方施肥对油茶幼苗生长及土壤养分含量的影响[J]. 福建农业学报, 32(6): 613-618.

朱江. 1999. 农用矿物在茶园土壤改良中的应用[J]. 茶业通报, 21(2): 14-15.

祝孟玲. 2014. 利用生物标志物梯烷脂研究珠江口厌氧氨氧化活动的时空分布特征[D]. 青岛: 中国海洋大学硕士学位论文.

庄瑞林. 2008. 中国油茶[M]. 北京: 中国林业出版社: 366.

宗良纲, 陆丽君, 罗敏, 等. 2006. 茶园土壤酸化对氟的影响及茶叶氟安全限量的探讨[J]. 安全与环境学报, 6(1): 100-103.

邹建文, 黄耀, 宗良纲, 等. 2003. 不同种类有机肥施用对稻田 CH_4 和 N_2O 排放的综合影响[J]. 环境科学, 24(4): 7-12.

邹雨坤. 2011. 羊草草原利用方式对土壤微生物多样性及群落结构的影响[D]. 兰州: 甘肃农业大学硕士学位论文.

左继林, 王玉娟, 龚春, 等. 2012. 高产油茶夏旱期不同经营措施对其果形生长的影响[J]. 中南林业科技大学学报, 32(4): 15-20.

Abujabhah I S, Doyle R, Bound S A, et al. 2016. The effect of biochar loading rates on soil fertility, soil biomass, potential nitrification, and soil community metabolic profiles in three different soils[J]. Journal of Soils and Sediments, 16(9): 2211-2222.

Alekseeva T, Alekseev A, Xu R K, et al. 2011. Effect of soil acidification induced by a tea plantation on chemical and mineralogical properties of Alfisols in eastern China [J]. Environmental Geochemistry and Health, 33(2): 137-148.

Alexis M A, Rasse D P, Rumpel C, et al. 2007. Fire impact on C and N losses and charcoal production in a scrub oak ecosystem. Biogeochemistry, 82(2): 201-216.

Aliyu G, Luo J, Di H J, et al. 2019. Nitrous oxide emissions from China's croplands based on regional and crop-specific emission factors deviate from IPCC 2006 estimates[J]. Science of the Total Environment, 669: 547-558.

Almarzooqi F, Yousef L F. 2017. Biological response of a sandy soil treated with biochar derived from a halophyte (*Salicornia bigelovii*) [J]. Applied Soil Ecology, 114: 9-15.

Ameloot N, Graber E R, Verheijen F G A, et al. 2013. Interactions between biochar stability and soil organisms: review and research needs[J]. European Journal of Soil Science, 64(4): 379-390.

Ashour W A, Aly A A, Elewa I S, et al. 1980. Interaction of soil microorganism and rhizosphere of different onion cultivars with *Fusarium oxysporum,* F. sp. cepae: the cause of basal rot disease of onions[J]. Agricultural Research Review, 58(2): 129-143.

Aye N S, Butterly C R, Sale P W G, et al. 2017. Residue addition and liming history interactively enhance mineralization of native organic carbon in acid soils[J]. Biology and Fertility of Soils, 53(1): 61-75.

Azevedo L B, van Zelm R, Hendriks A J, et al. 2013. Global assessment of the effects of terrestrial acidification on plant species richness[J]. Environmental Pollution, 174(5): 10-15.

Baggs E M. 2008. A review of stable isotope techniques for N_2O source partitioning in soils: recent progress, remaining challenges and future considerations[J]. Rapid Communications in Mass Spectrometry: An International Journal Devoted to the Rapid Dissemination of Up-to-the-Minute Research in Mass Spectrometry, 22(11): 1664-1672.

Baggs E M. 2011. Soil microbial sources of nitrous oxide: recent advances in knowledge, emerging challenges and future direction[J]. Current Opinion in Environmental Sustainability, 3(5): 321-327.

Bailey J S, Beattie J A M, Kilpatrick D J. 1997. The diagnosis and recommendation integrated system (DRIS) for diagnosing the nutrient status of grassland swards: I. Model establishment[J]. Plant and Soil, 197(1): 127-135.

Ball B C, Scott A, Parker J P. 1999. Field N_2O, CO_2 and CH_4 fluxes in relation to tillage, compaction and soil quality in Scotland[J]. Soil and Tillage Research, 53(1): 29-39.

Barak P, Jobe B O, Krueger A R, et al. 1997. Effects of long-term soil acidification due to nitrogen fertilizer inputs in Wisconsin[J]. Plant and Soil, 197(1): 61-69.

Bender S F, Plantenga F, Neftel A, et al. 2014. Symbiotic relationships between soil fungi and plants reduce N_2O emissions from soil[J]. The ISME Journal, 8(6): 1336-1345.

Bergaust L, Mao Y, Bakken L R, et al. 2010. Denitrification response patterns during the transition to anoxic respiration and posttranscriptional effects of suboptimal pH on nitrogen oxide reductase in *Paracoccus denitrificans*[J]. Applied and Environmental Microbiology, 76(19): 6387-6396.

Bian M, Zhou M, Sun D, et al. 2013. Molecular approaches unravel the mechanism of acid soil tolerance in plants[J]. The Crop Journal, 1(2): 91-104.

Blake L, Goulding K W T, Mott C J B, et al. 1999. Changes in soil chemistry accompanying acidification over more than 100 years under woodland and grass at Rothamsted Experimental Station, UK[J]. European Journal of Soil Science, 50(3): 401-412.

Blum J M, Su Q, Ma Y, et al. 2018. The pH dependency of N-converting enzymatic processes, pathways and microbes: effect on net N_2O production[J]. Environmental Microbiology, 20(5): 1623-1640.

Bollag J M, Tung G. 1972. Nitrous oxide release by soil fungi[J]. Soil Biology and Biochemistry, 4(3): 271-276.

Bradley B A, Blumenthal D M, Wilcove D S, et al. 2010. Predicting plant invasions in an era of global change[J]. Trends in Ecology and Evolution, 25(5): 310-318.

Breemen N V, Mulder J, Driscoll C T. 1983. Acidification and alkalinization of soils[J]. Plant and Soil, 75(3): 283-308.

Bremner J M. 1997. Sources of nitrous oxide in soils[J]. Nutrient Cycling in Agroecosystems, 49(1-3): 7-16.

Brown T T, Koenig R T, Huggins D R, et al. 2008. Lime effects on soil acidity, crop yield, and aluminum chemistry in direct-seeded cropping systems[J]. Soil Science Society of America Journal, 72(3): 634-640.

Burgin A J, Groffman P M. 2012. Soil O_2 controls denitrification rates and N_2O yield in a riparian wetland[J]. Journal of Geophysical Research: Biogeosciences, 117(G1): 1-10.

Butterbach-Bahl K, Baggs E M, Dannenmann M, et al. 2013. Nitrous oxide emissions from soils: how well do we understand the processes and their controls?[J]. Philosophical Transactions of the Royal Society B: Biological Sciences, 368(1621): 122.

Cai Z, Zhang J, Zhu T, et al. 2012. Stimulation of NO and N_2O emissions from soils by SO_2 deposition[J]. Global Change Biology, 18(7): 2280-2291.

Caires E F, Garbuio F J, Churka S, et al. 2008. Effects of soil acidity amelioration by surface liming on no-till corn, soybean, and wheat root growth and yield[J]. European Journal of Agronomy, 28(1): 57-64.

Caranto J D, Lancaster K M. 2017. Nitric oxide is an obligate bacterial nitrification intermediate produced by hydroxylamine oxidoreductase[J]. Proceedings of the National Academy of Sciences of the United States of America, 114(31): 8217-8222.

Case S D C, Mcnamara N P, Reay D S, et al. 2012. The effect of biochar addition on N_2O and CO_2 emissions from a sandy loam soil-the role of soil aeration[J]. Soil Biology and Biochemistry, 51: 125-134.

Case S D C, Mcnamara N P, Reay D S, et al. 2014. Can biochar reduce soil greenhouse gas emissions from a *Miscanthus* bioenergy crop? [J]. GCB Bioenergy, 6(1): 76-89.

Case S D C, Mcnamara N P, Reay D S, et al. 2015. Biochar suppresses N_2O emissions while maintaining N availability in a sandy loam soil[J]. Soil Biology and Biochemistry, 81: 178-185.

Castellini M, Giglio L, Niedda M, et al. 2015. Impact of biochar addition on the physical and hydraulic properties of a clay soil[J]. Soil and Tillage Research, 154: 1-13.

Che J, Zhao X Q, Zhou X, et al. 2015. High pH-enhanced soil nitrification was associated with ammonia-oxidizing bacteria rather than archaea in acidic soils[J]. Applied Soil Ecology, 85: 21-29.

Chen H, Mothapo N V, Shi W. 2014. The significant contribution of fungi to soil N_2O production across diverse ecosystems[J]. Applied Soil Ecology, 73: 70-77.

Chen J, Li S, Liang C, et al. 2017. Response of microbial community structure and function to short-term biochar amendment in an intensively managed bamboo (*Phyllostachys praecox*) plantation soil: effect of particle size and addition rate[J]. Science of the Total Environment, 574: 24-33.

Chen Q, Ni J. 2012. Ammonium removal by *Agrobacterium* sp. LAD9 capable of heterotrophic nitrification-aerobic denitrification[J]. Journal of Bioscience and Bioengineering, 113(5): 619-623.

Chen R F, Shen R F, Gu P E A. 2008. Investigation of aluminum-tolerant species in acid soils of South China; Investigation of aluminum-tolerant species in acid soils of South China[J]. Communications in Soil Science and Plant Analysis, 39(9-10): 1493-1506.

Chen Z, Xiao X, Chen B, et al. 2015. Quantification of chemical states, dissociation constants and contents of oxygen-containing groups on the surface of biochars produced at different temperatures[J]. Environmental Science and Technology, 49(1): 309-317.

Cheng Y, Wang J, Zhang J, et al. 2015. Mechanistic insights into the effects of N fertilizer application on N_2O-emission pathways in acidic soil of a tea plantation[J]. Plant and Soil, 389(1-2): 45-57.

Chien S H, Gearhart M M, Collamer D J. 2008. The effect of different ammonical nitrogen sources on soil acidification[J]. Soil Science, 173(8): 544-551.

Cleemput O, Samater A H. 1995. Nitrite in soils: accumulation and role in the formation of gaseous N compounds[J]. Fertilizer Research, 45(1): 81-89.

Coskun D, Britto D T, Shi W, et al. 2017. Nitrogen transformations in modern agriculture and the role of biological nitrification inhibition[J]. Nature Plants, 3(6): 17074.

Cuhel J, Simek M, Laughlin R J, et al. 2010. Insights into the effect of soil pH on N_2O and N_2 emissions and denitrifier community size and activity[J]. Applied and Environmental Microbiology, 76(6): 1870-1878.

Cui Q, Song C, Wang X, et al. 2018. Effects of warming on N_2O fluxes in a boreal peatland of Permafrost region, Northeast China[J]. Science of the Total Environment, 616-617: 427-434.

Dai Z, Zhang X, Tang C, et al. 2017. Potential role of biochars in decreasing soil acidification–A critical review[J]. Science of the Total Environment, 581-582: 601-611.

Daims H, Lebedeva E V, Pjevac P, et al. 2015. Complete nitrification by *Nitrospira* bacteria[J]. Nature, 528(7583): 504-509.

Daum D, Schenk M K. 1998. Influence of nutrient solution pH on N_2O and N_2 emissions from a soilless culture system[J]. Plant and Soil, 203(2): 279-288.

Davidson E A, Keller M, Erickson H E, et al. 2000. Testing a conceptual model of soil emissions of nitrous and nitric oxides[J]. BioScience, 50(8): 667.

De Boer W, Kowalchuk G A. 2001. Nitrification in acid soils: micro-organisms and mechanisms[J]. Soil Biology and Biochemistry, 33(7-8): 853-866.

Delgado J A, Mosier A R. 1996. Mitigation alternatives to decrease nitrous oxides emissions and urea-nitrogen loss and their effect on methane flux[J]. Journal of Environmental Quality, 25(5): 1105-1111.

Delhaize E, Ryan P R. 1995. Aluminum toxicity and tolerance in plants[J]. Plant Physiology, 107(2): 315-321.

Delhaize E, Ryan P R, Randall P J. 1993. Aluminum tolerance in wheat（*Triticum aestivum* L.）（II. Aluminum-stimulated excretion of malic acid from root apices）[J]. Plant Physiology, 103(3): 695-702.

Deng B L, Fang H, Jiang N, et al. 2019a. Biochar is comparable to dicyandiamide in the mitigation of nitrous oxide emissions from *Camellia oleifera* Abel field[J]. Forests, 10: 1076.

Deng B L, Li Z Z, Zhang L, et al. 2016. Increases in soil CO_2 and N_2O emissions with warming depend on plant species in restored alpine meadows of Wugong Mountain, China[J]. Journal of Soils and Sediments, 16(3): 777-784.

Deng B L. Shi Y, Zhang L, et al. 2020a. Effects of spent mushroom substrate-derived biochar on soil CO_2 and N_2O emissions depend on pyrolysis temperature[J]. Chemosphere, 246: 125608.

Deng B L, Wang S L, Xu X T, et al. 2019b. Effects of biochar and dicyandiamide combination on nitrous oxide emissions from *Camellia oleifera* field soil[J]. Environmental Science and Pollution Research, 26(4): 4070-4077.

Deng B L, Zheng L Y, Ma Y C, et al. 2020b. Effects of mixing biochar on soil N_2O, CO_2 and CH_4 emissions after prescribed five in alpine meadows of Wugong Mountain, China[J]. Journal of Soil and Sediments. DOI: 10. 1007/s 11368-019-02552-8.

Dong B, Wu B, Hong W, et al. 2017. Transcriptome analysis of the tea oil camellia（*Camellia oleifera*）reveals candidate drought stress genes[J]. PLoS ONE, 12(7): e0181835.

Dong D, Kou Y, Yang W, et al. 2018. Effects of urease and nitrification inhibitors on nitrous oxide emissions and nitrifying/denitrifying microbial communities in a rainfed maize soil: a 6-year field observation[J]. Soil and Tillage Research, 180: 82-90.

Dong S, Cheng L, Scagel C F, et al. 2004. Nitrogen mobilization, nitrogen uptake and growth of cuttings obtained from poplar stock plants grown in different N regimes and sprayed with urea in autumn[J]. Tree Physiology, 24(3): 355.

Du Z L, Zhao J K, Wang Y D, et al. 2017. Biochar addition drives soil aggregation and carbon sequestration in aggregate fractions from an intensive agricultural system[J]. Journal of Soils and Sediments, 17(3): 581-589.

Erguder T H, Boon N, Wittebolle L, et al. 2009. Environmental factors shaping the ecological niches of ammonia- oxidizing archaea[J]. FEMS Microbiology Reviews, 33(5): 855-869.

Fan X, Yin C, Yan G, et al. 2018. The contrasting effects of N-(n-butyl) thiophosphoric triamide（NBPT）on N_2O emissions in arable soils differing in pH are underlain by complex microbial mechanisms[J]. Science of the Total Environment, 642: 155-167.

Feng Y Z, Xu Y P, Yu Y C, et al. 2012. Mechanisms of biochar decreasing methane emission from Chinese paddy soils[J]. Soil Biology and Biochemistry, 46: 80-88.

Flessa H, Dörsch P, Beese F. 1995. Seasonal variation of N_2O and CH_4 fluxes in differently managed arable soils in southern Germany[J]. Journal of Geophysical Research: Atmospheres, 100(D11): 23115-23124.

Florio A, Maienza A, Dell A M T, et al. 2016. Changes in the activity and abundance of the soil microbial community in response to the nitrification inhibitor 3,4-dimethylpyrazole phosphate (DMPP) [J]. Journal of Soils and Sediments, 16(12): 2687-2697.

Focht D, Versteraete W. 1977. Biochemical ecology of nitrification and denitrification. In Alexander M. (Ed.), Advances in Microbial Ecology[J]. New York: Plenum Press, 135-214.

Fowler D, Coyle M, Skiba U, et al. 2013. The global nitrogen cycle in the twenty-first century[J]. Philosophical Transactions of the Royal Society B: Biological Sciences, 368(1621): 20130164.

Francis C A, Roberts K J, Beman J M, et al. 2005. Ubiquity and diversity of ammonia-oxidizing archaea in water columns and sediments of the ocean[J]. Proceedings of the National Academy of Sciences, 102(41): 14683-14688.

Gao N, Shen W, Kakuta H, et al. 2016. Inoculation with nitrous oxide (N_2O)-reducing denitrifier strains simultaneously mitigates N_2O emission from pasture soil and promotes growth of pasture plants[J]. Soil Biology and Biochemistry, 97: 83-91.

Gerber J S, Carlson K M, Makowski D, et al. 2016. Spatially explicit estimates of N_2O emissions from croplands suggest climate mitigation opportunities from improved fertilizer management[J]. Global Change Biology, 22(10): 3383-3394.

Glaser B, Balashov E, Haumaier L, et al. 2000. Black carbon in density fractions of anthropogenic soils of the Brazilian Amazon region[J]. Organic Geochemistry, 31(7): 669-678.

Gödde M, Conrad R. 1999. Immediate and adaptational temperature effects on nitric oxide production and nitrous oxide release from nitrification and denitrification in two soils[J]. Biology and Fertility of Soils, 30(1): 33-40.

Gong Y, Wu J, Vogt J, et al. 2019. Warming reduces the increase in N_2O emission under nitrogen fertilization in a boreal peatland[J]. Science of the Total Environment, 664: 72-78.

Grundmann G L, Renault P, Rosso L, et al. 1995. Differential effects of soil water content and temperature on nitrification and aeration[J]. Soil Science Society of America Journal, 59(5): 619-620.

Gu J X, Nie H H, Guo H J, et al. 2019. Nitrous oxide emissions from fruit orchards: a review[J]. Atmospheric Environment, 201: 166-172.

Gu Y, Hou Y, Huang D, et al. 2017. Application of biochar reduces *Ralstonia solanacearum* infection via effects on pathogen chemotaxis, swarming motility, and root exudate adsorption[J]. Plant and Soil, 415(1-2): 269-281.

Gul S M, Whalen J K. 2016. Biochemical cycling of nitrogen and phosphorus in biochar-amended soils[J]. Soil Biology and Biochemistry, 103: 1-15.

Guo J H, Liu X J, Zhang Y, et al. 2010. Significant acidification in major Chinese croplands[J]. Science, 327(5968): 1008-1010.

Guo J, Chen B. 2014. Insights on the molecular mechanism for the recalcitrance of biochars: interactive effects of carbon and silicon components[J]. Environmental Science and Technology, 48(16): 9103-9112.

Hale S E, Lehmann J, Rutherford, et al. 2012. Quantifying the total and bioavailable polycyclic aromatic hydrocarbons and dioxins in biochars[J]. Environmental Science and Technology, 46(5): 2830-2838.

Han W, Xu J, Wei K, et al. 2013. Estimation of N_2O emission from tea garden soils, their adjacent vegetable garden and forest soils in eastern China[J]. Environmental Earth Sciences, 70(6): 2495-2500.

Hansen J E, Lacis A A. 1990. Sun and dust versus greenhouse gases: an assessment of their relative roles in global climate change[J]. Nature, 346(6286): 713.

Hansen V, Hauggaard-Nielsen H, Petersen C T, et al. 2016. Effects of gasification biochar on plant-available water capacity and plant growth in two contrasting soil types[J]. Soil and Tillage Research, 161: 1-9.

Harter J, Weigold P, El-Hadidi M, et al. 2016. Soil biochar amendment shapes the composition of N_2O-reducing microbial communities[J]. Science of the Total Environment, 562: 379-390.

Hayatsu M, Tago K, Saito M. 2008. Various players in the nitrogen cycle: Diversity and functions of the microorganisms involved in nitrification and denitrification[J]. Soil Science and Plant Nutrition, 54(1): 33-45.

Haynes R J. 2010. Soil acidification induced by leguminous crops[J]. Grass and Forage Science, 38(1): 1-11.

He T, Liu D, Yuan J, et al. 2018. Effects of application of inhibitors and biochar to fertilizer on gaseous nitrogen emissions from an intensively managed wheat field[J]. Science of the Total Environment, 628-629: 121-130.

He Y H, Zhou X H, Jiang L L, et al. 2017. Effects of biochar application on soil greenhouse gas fluxes: a meta-analysis[J]. GCB Bioenergy, 9(4): 743-755.

Hernández-Ruiz J, Arnao M B. 2008. Melatonin stimulates the expansion of etiolated lupin cotyledons[J]. Plant Growth Regulation, 55(1): 29-34.

Hirono Y, Nonaka K. 2012. Nitrous oxide emissions from green tea fields in Japan: contribution of emissions from soil between rows and soil under the canopy of tea plants[J]. Soil Science and Plant Nutrition, 58(3): 384-392.

Hu H, Chen D, He J. 2015. Microbial regulation of terrestrial nitrous oxide formation: understanding the biological pathways for prediction of emission rates[J]. FEMS Microbiology Reviews, 39(5): 729-749.

Hu Y, Chang X, Lin X, et al. 2010. Effects of warming and grazing on N_2O fluxes in an alpine meadow ecosystem on the Tibetan plateau[J]. Soil Biology and Biochemistry, 42(6): 944-952.

Hu Y, Zhang L, Deng B, et al. 2017. The non-additive effects of temperature and nitrogen deposition on CO_2 emissions, nitrification, and nitrogen mineralization in soils mixed with termite nests[J]. Catena, 154: 12-20.

Huang P, Zhang J B, Xin X L, et al. 2015a. Proton accumulation accelerated by heavy chemical nitrogen fertilization and its long-term impact on acidifying rate in a typical arable soil in the Huang-Huai-Hai Plain[J]. Journal of Integrative Agriculture, 14(1): 148-157.

Huang W, Ji H, Gheysen G, et al. 2015c. Biochar-amended potting medium reduces the susceptibility of rice to root-knot nematode infections[J]. BMC Plant Biology, 15(1): 267.

Huang X, Li W, Zhang D, et al. 2013. Ammonium removal by a novel oligotrophic *Acinetobacter* sp. Y16 capable of heterotrophic nitrification–aerobic denitrification at low temperature[J]. Bioresource Technology, 146: 44-50.

Huang Y, Long X, Chapman S J, et al. 2015b. Acidophilic denitrifiers dominate the N_2O production in a 100-year-old tea orchard soil[J]. Environmental Science and Pollution Research, 22(6): 4173-4182.

Huang Y, Xiao X, Long, X. 2017. Fungal denitrification contributes significantly to N_2O production in a highly acidic tea soil[J]. Journal of Soils and Sediments, 17(6): 1599-1606.

Hube S, Alfaro M A, Scheer C, et al. 2017. Effect of nitrification and urease inhibitors on nitrous oxide and methane emissions from an oat crop in a volcanic ash soil[J]. Agriculture, Ecosystems and Environment, 238: 46-54.

Hue N V, Craddock G R, Adams F. 1986. Effect of organic acids on aluminum toxicity in subsoils[J]. Soil Science Society of America Journal, 50: 28-34.

Huérfano X, Fuertes-Mendizábal T, Fernández-Diez K, et al. 2016. The new nitrification inhibitor 3,4-dimethylpyrazole succinic（DMPSA）as an alternative to DMPP for reducing N_2O emissions from wheat crops under humid Mediterranean conditions[J]. European Journal of Agronomy, 80: 78-87.

Huygens D, Boeckx P, Templer P, et al. 2008. Mechanisms for retention of bioavailable nitrogen in volcanic rainforest soils[J]. Nature Geoscience, 1(8): 543-548.

IPCC. 2006. Greenhouse gas mitigation in agriculture[R]. Geneva, Switzerland, Fourth Assessment Report, Working GroupIII: 1-71.

IPCC. 2014. Synthesis Report, Climate Change 2014[R]. Geneva, Switzerland, Contribution of Working Groups Ⅰ, Ⅱ and Ⅲ to the Fifth Assessment Report of the Intergovernmental Panel on Climate Change, 1-164.

Jeffery S, Memelink I, Hodgson E, et al. 2017. Initial biochar effects on plant productivity derive from N fertilization[J]. Plant and Soil, 415(1-2): 435-448.

Jeffery S, Verheijen F G A, Kammann C, et al. 2016. Biochar effects on methane emissions from soils: a meta-analysis[J]. Soil Biology and Biochemistry, 101: 251-258.

Jia W, Lin C, Qiu X, et al. 2015. Optimizing refining temperatures to reduce the loss of essential fatty acids and bioactive compounds in tea seed oil[J]. Food and Bioproducts Processing, 94: 136-146.

Jiang X, Hou X, Zhou X, et al. 2015. pH regulates key players of nitrification in paddy soils[J]. Soil Biology and Biochemistry, 81: 9-16.

Jiang Y, Deng A, Bloszies S, et al. 2017. Nonlinear response of soil ammonia emissions to fertilizer nitrogen[J]. Biology and Fertility of Soils, 53(3): 269-274.

Johannes L, Stephen J. 2015. Biochar for environmental management[M]. New York: Routledge, 1-944.

Kanthle A K, Lenka N K, Lenka S, et al. 2016. Biochar impact on nitrate leaching as influenced by native soil organic carbon in an Inceptisol of central India[J]. Soil and Tillage Research, 157: 65-72.

Keiblinger K M, Zehetner F, Mentler A, et al. 2018. Biochar application increases sorption of nitrification inhibitor 3,4-dimethylpyrazole phosphate in soil[J]. Environmental Science and Pollution Research, 25(11): 11173-11177.

Kim K R, Craig H. 1993. Nitrogen-15 and oxygen-18 characteristics of nitrous oxide: a global perspective[J]. Science, 262(5141): 1855-1857.

Knowles R. 1982. Denitrification[J]. Microbiological Reviews, 46(1): 43-70.

Kochian L V, Piñeros M A, Liu J, et al. 2015. Plant adaptation to acid soils: the molecular basis for crop aluminum resistance[J]. Annual Review of Plant Biology, 66(1): 571-598.

Kong X W, Duan Y F, Schramm A, et al. 2016. 3,4-Dimethylpyrazole phosphate (DMPP) reduces activity of ammonia oxidizers without adverse effects on non-target soil microorganisms and functions[J]. Applied Soil Ecology, 105: 67-75.

Könneke M, Bernhard A E, De La T, et al. 2005. Isolation of an autotrophic ammonia-oxidizing marine archaeon[J]. Nature, 437(7058): 543-546.

Krapfl K J, Hatten J A, Roberts S D, et al. 2016. Capacity of biochar application and nitrogen fertilization to mitigate grass competition upon tree seedlings during stand regeneration[J]. Forest Ecology and Management, 376: 298-309.

Krug E C, Frink C R. 1983. Acid rain on acid soil: a new perspective[J]. Science, 221(4610): 520-525.

Kunhikrishnan A, Thangarajan R, Bolan N S, et al. 2016. Functional relationships of soil acidification, liming, and greenhouse gas flux[M]// Sparks D L. Advances in Agronomy. San Diego, USA: Academic Press, 1-71.

Kuypers M M M, Marchant H K, Kartal B. 2018. The microbial nitrogen-cycling network[J]. Nature Reviews Microbiology, 16(5): 263-276.

Lee C, Yen G. 2006. Antioxidant activity and bioactive compounds of tea seed (*Camellia oleifera* Abel.) oil[J]. Journal of Agricultural and Food Chemistry, 54(3): 779-784.

Levine J S, Winstead E L, Parsons D A, et al. 1996. Biogenic soil emissions of nitric oxide (NO) and nitrous oxide (N_2O) from savannas in South Africa: the impact of wetting and burning[J]. Journal of Geophysical Research: Atmospheres, 101(D19): 23689-23697.

Levy-Booth D J, Prescott C E, Grayston S J. 2014. Microbial functional genes involved in nitrogen fixation, nitrification and denitrification in forest ecosystems[J]. Soil Biology and Biochemistry, 75:11-25.

Li J Y, Wang N, Xu R K, et al. 2010. Potential of industrial by products in a meliorating acidity and aluminum toxicity of soils under tea plantation[J]. Pedosphere, 20(5): 645 -654.

Li Q, Li S, Xiao Y, et al. 2019. Soil acidification and its influencing factors in the purple hilly area of southwest China from 1981 to 2012[J]. Catena, 175: 278-285.

Li Y, Chapman S J, Nicol G W, et al. 2018b. Nitrification and nitrifiers in acidic soils[J]. Soil Biology and Biochemistry, 116: 290-301.

Li Y, Hu S, Chen J, et al. 2018a. Effects of biochar application in forest ecosystems on soil properties and greenhouse gas emissions: a review[J]. Journal of Soils and Sediments, 18(2): 546-563.

Li Y, Zheng X, Fu X, et al. 2016. Is green tea still 'green'? [J]. Geo: Geography and Environment, 3(2): e00021.

Liang L Z, Zhao X Q, Yi X Y, et al. 2013. Excessive application of nitrogen and phosphorus fertilizers induces soil acidification and phosphorus enrichment during vegetable production in Yangtze River Delta, China[J]. Soil Use and Management, 29: 161-168.

Liedgens M, Frossard E, Richner W. 2004. Interactions of maize and Italian ryegrass in a living mulch system: (2) Nitrogen and water dynamics[J]. Plant and Soil, 262(1/2): 191-203.

Lin S, Iqbal J, Hu R, et al. 2012. Differences in nitrous oxide fluxes from red soil under different land uses in mid-subtropical China[J]. Agriculture, Ecosystems and Environment, 146(1): 168-178.

Lin Y, Ding W, Liu D, et al. 2017. Wheat straw-derived biochar amendment stimulated N_2O emissions from rice paddy soils by regulating the *amoA* genes of ammonia-oxidizing bacteria[J]. Soil Biology and Biochemistry, 113: 89-98.

Lin Y, Ye G, Kuzyakov Y, et al. 2019. Long-term manure application increases soil organic matter and aggregation, and alters microbial community structure and keystone taxa[J]. Soil Biology and Biochemistry, 134:187-196.

Linquist B A, Adviento-Borbe M A, Pittelkow C M, et al. 2012b. Fertilizer management practices and greenhouse gas emissions from rice systems: a quantitative review and analysis[J]. Field Crops Research, 135:10-21.

Linquist B, Groenigen K J V, Adviento-Borbe M A, et al. 2012a. An agronomic assessment of greenhouse gas emissions from major cereal crops[J]. Global Change Biology, 18(1):194-209.

Liu B, Mørkved P T, Frostegard A, et al. 2010. Denitrification gene pool, transcription and kinetics of NO, N_2O and N_2 production as affected by soil pH[J]. FEMS Microbiology Ecology, 3(72): 407-417.

Liu C, Chen L, Tang W, et al. 2018. Predicting potential distribution and evaluating suitable soil condition of oil tea *Camellia* in China[J]. Forests, 9(8):487.

Liu J, Wu L, Chen D, et al. 2017. Soil quality assessment of different *Camellia oleifera* stands in mid-subtropical China[J]. Applied Soil Ecology, 113: 29-35.

Liu S, Zhang L, Liu Q, et al. 2012. Fe (III) fertilization mitigating net global warming potential and greenhouse gas intensity in paddy rice-wheat rotation systems in China[J]. Environmental Pollution, 164: 73-80.

Liu X Y, Zheng J F, Zhang D X, et al. 2016. Biochar has no effect on soil respiration across Chinese agricultural soils[J]. Science of the Total Environment, 554-555: 259-265.

Lorenz K, Lal R. 2014. Biochar application to soil for climate change mitigation by soil organic carbon sequestration[J]. Journal of Plant Nutrition and Soil Science, 177(5): 651-670.

Lou Z, Sun Y, Zhou X, et al. 2017. Composition variability of spent mushroom substrates during continuous cultivation, composting process and their effects on mineral nitrogen transformation in soil[J]. Geoderma, 307: 30-37.

Lu L, Yang X, Zhao S, et al. 2015. Effects of compound application of organic and chemical fertilizers on growth, quality of *Pogostemon cablin* and soil nutrient[J]. Transactions of the Chinese Society for Agricultural Machinery, 46: 184-191.

Lu M, Zhou X, Luo Y, et al. 2011. Minor stimulation of soil carbon storage by nitrogen addition: a meta-analysis[J]. Agriculture, Ecosystems and Environment, 140(1-2): 234-244.

Luo S, Wang S, Tian L, et al. 2017. Long-term biochar application influences soil microbial community and its potential roles in semiarid farmland[J]. Applied Soil Ecology, 117-118: 10-15.

Luo X X, Wang L Y, Liu G C, et al. 2016a. Effects of biochar on carbon mineralization of coastal wetland soils in the Yellow River Delta, China[J]. Ecological Engineering, 94: 329-336.

Luo X, Chen L, Zheng H, et al. 2016b. Biochar addition reduced net N mineralization of a coastal wetland soil in the Yellow River Delta, China[J]. Geoderma, 282: 120-128.

Ma J, Ye H, Rui Y, et al. 2011. Fatty acid composition of *Camellia oleifera* oil[J]. Journal of Consumer Protection and Food Safety, 6(1): 9-12.

Maillard Émilie, Angers D A. 2014. Animal manure application and soil organic carbon stocks: a meta-analysis[J]. Global Change Biology, 20(2): 666-679.

Manunza B, Deiana S, Pintore M, et al. 1999. The binding mechanism of urea, hydroxamic acid and N-(N-butyl)- phosphoric triamide to the urease active site. a comparative molecular dynamics study[J]. Soil Biology and Biochemistry, 31: 789-796.

Mao Q G, Lu X K, Zhou K J, et al. 2017. Effects of long-term nitrogen and phosphorus additions on soil acidification in an N-rich tropical forest[J]. Geoderma, 285: 57-63.

Mariano E D, Pinheiro A S, Garcia E E, et al. 2015. Differential aluminium-impaired nutrient uptake along the root axis of two maize genotypes contrasting in resistance to aluminium[J]. Plant and Soil, 388(1-2): 323-335.

Maris S C, Teira-Esmatges M R, Arbonés A, et al. 2015. Effect of irrigation, nitrogen application, and a nitrification inhibitor on nitrous oxide, carbon dioxide and methane emissions from an olive (*Olea europaea* L.) orchard[J]. Science of the Total Environment, 538: 966-978.

Martens-Habbena W, Berube P M, Urakawa H, et al. 2009. Ammonia oxidation kinetics determine niche separation of nitrifying archaea and bacteria[J]. Nature, 461(7266): 976-979.

Martins M R, Sant Anna S A C, Zaman M, et al. 2017. Strategies for the use of urease and nitrification inhibitors with urea: Impact on N_2O and NH_3 emissions, fertilizer-^{15}N recovery and maize yield in a tropical soil[J]. Agriculture, Ecosystems and Environment, 247: 54-62.

Matschonat G, Matzner E. 1996. Soil chemical properties affecting NH_4^+ sorption in forest soils[J]. Journal of Plant Nutrition and Soil Science, 159(5): 505-511.

Matson P A, Mcdowell W H, Townsend A R, et al. 1999. The globalization of N deposition: ecosystem consequences in tropical environments[J]. Biogeochemistry, 46(1): 67-83.

McGeough K L, Watson C J, Müller C, et al. 2016. Evidence that the efficacy of the nitrification inhibitor dicyandiamide (DCD) is affected by soil properties in UK soils[J]. Soil Biology and Biochemistry, 94: 222-232.

McMillan A M S, Pal P, Phillips R L, et al. 2016. Can pH amendments in grazed pastures help reduce N_2O emissions from denitrification? the effects of liming and urine addition on the completion of denitrification in fluvial and volcanic soils[J]. Soil Biology and Biochemistry, 93: 90-104.

Mira A B, Cantarella H, Souza-Netto G J M, et al. 2017. Optimizing urease inhibitor usage to reduce ammonia emission following urea application over crop residues[J]. Agriculture, Ecosystems and Environment, 248: 105-112.

Morley N, Baggs E M, Dorsch P, et al. 2008. Production of NO, N_2O and N_2 by extracted soil bacteria, regulation by NO_2^- and O_2 concentrations[J]. FEMS Microbiol Ecology, 65(1): 102-112.

Muhammad N. 2015. Impact of biochar on microbial community and fertility in acidic soils growing rice[D]. Hangzhou: Zhejiang University PhD dissertation.

Mulcahy D N, Mulcahy D L, Dietz D. 2013. Biochar soil amendment increases tomato seedling resistance to drought in sandy soils[J]. Journal of Arid Environments, 88: 222-225.

Müller C, Clough T J. 2014. Advances in understanding nitrogen flows and transformations: gaps and research pathways[J]. The Journal of Agricultural Science, 152(S1): 34-44.

Nakahara K, Tanimoto T, Hatano K, et al. 1993. Cytochrome P-450 55A1（P-450dNIR）acts as nitric oxide reductase employing NADH as the direct electron donor[J]. Journal of Biological Chemistry, 268(11): 8350-8355.

Negassa W, Price R F, Basir A, et al. 2015. Cover crop and tillage systems effect on soil CO_2 and N_2O fluxes in contrasting topographic positions[J]. Soil and Tillage Research, 154: 64-74.

Nelissen V, Rütting T, Huygens D, et al. 2015. Temporal evolution of biochar's impact on soil nitrogen processes - a ^{15}N tracing study[J]. GCB Bioenergy, 7(4): 635-645.

Ni K, Kage H, Pacholski A. 2018. Effects of novel nitrification and urease inhibitors（DCD/TZ and 2-NPT）on N_2O emissions from surface applied urea: an incubation study[J]. Atmospheric Environment, 175: 75-82.

Nicol G W, Leininger S, Schleper C, et al. 2008. The influence of soil pH on the diversity, abundance and transcriptional activity of ammonia oxidizing archaea and bacteria[J]. Environmental Microbiology, 10(11): 2966-2978.

Obia A, Cornelissen G, Mulder J, et al. 2015. Effect of soil pH increase by biochar on NO, N_2O and N_2 production during denitrification in acid soils[J]. PLoS ONE, 10(9): e0138781.

Oertel C, Matschullat J, Zurba K, et al. 2016. Greenhouse gas emissions from soils—A review[J]. Geochemistry, 76(3): 327-352.

Ohno T, Hiradate S, He Z. 2011. Phosphorus solubility of agricultural soils: a surface charge and phosphorus-31 NMR speciation study[J]. Soil Science Society of America Journal, 75(5): 1704.

Overrein L N, Seip H M, Tollan A. 1982. Acid precipitation: effects on forest and fish[J]. Environmental Policy and Law, 8(3):101-103.

Parton W J, Mosier A R, Ojima D S, et al. 1996. Generalized model for N_2 and N_2O production from nitrification and denitrification[J]. Global Biogeochemical Cycles, 10(3): 401-142.

Pateman J A, Cove D J, Rever B M, et al. 1964. A common co-factor for nitrate reductase and xanthine dehydrogenase which also regulates the synthesis of nitrate reductase[J]. Nature, 201(4914): 58-60.

Patra A K, Abbadie L, Clays-Josserand A, et al. 2010. Effects of management regime and plant species on the enzyme activity and genetic structure of N-fixing, denitrifying and nitrifying bacterial communities in grassland soils[J]. Environmental Microbiology, 8(6): 1005-1016.

Pauleta S R, Dell A S, Moura I. 2013. Nitrous oxide reductase[J]. Coordination Chemistry Reviews, 257(2): 332-349.

Paustian K, Lehmann J, Ogle S, et al. 2016. Climate-smart soils[J]. Nature, 532(7597): 49-57.

Paz-Ferreiro J, Fu S, Méndez A, et al. 2015. Biochar modifies the thermodynamic parameters of soil enzyme activity in a tropical soil[J]. Journal of Soils and Sediments, 15(3): 578-583.

Pereira E I P, Suddick E C, Mansour I, et al. 2015. Biochar alters nitrogen transformations but has minimal effects on nitrous oxide emissions in an organically managed lettuce mesocosm[J]. Biology and Fertility of Soils, 51(5): 573-582.

Petter F A, Borges De Lima L, Marimon Júnior B H, et al. 2016. Impact of biochar on nitrous oxide emissions from upland rice[J]. Journal of Environmental Management, 169: 27-33.

Piersonwickmann A C, Aquilina L, Weyer C, et al. 2009. Acidification processes and soil leaching influenced by agricultural practices revealed by strontium isotopic ratios[J]. Geochimica et Cosmochimica Acta, 73(16):4688-4704.

Pilegaard K, Skiba U, Ambus P, et al. 2006. Factors controlling regional differences in forest soil emission of nitrogen oxides (NO and N_2O) [J]. Biogeosciences, 3(4): 651-661.

Pratley J, Robertson A. 1998. Agriculture and the environmental imperative[M]. Collingwood Victoria: CSIRO Publishing.

Qiao C, Liu L, Hu S, et al. 2015. How inhibiting nitrification affects nitrogen cycle and reduces environmental impacts of anthropogenic nitrogen input[J]. Global Change Biology, 21(3): 1249-1257.

Qu Z, Wang, J, Almøy T, et al. 2014. Excessive use of nitrogen in Chinese agriculture results in high $N_2O/(N_2O+N_2)$ product ratio of denitrification, primarily due to acidification of the soils[J]. Global Change Biology, 20(5): 1685-1698.

Quick A M, Reeder W J, Farrell T B, et al. 2019. Nitrous oxide from streams and rivers: a review of primary biogeochemical pathways and environmental variables[J]. Earth-Science Reviews, 191: 224-262.

Raut N, Dörsch P, Sitaula B K, et al. 2012. Soil acidification by intensified crop production in South Asia results in higher $N_2O/(N_2+N_2O)$ product ratios of denitrification[J]. Soil Biology and Biochemistry, 55: 104-112.

Reay D S, Davidson E A, Smith K A, et al. 2012. Global agriculture and nitrous oxide emissions[J]. Nature Climate Change, 2(6): 410-416.

Rees R M, Baddeley J A, Bhogal A, et al. 2013. Nitrous oxide mitigation in UK agriculture[J]. Soil Science and Plant Nutrition, 59(1): 3-15.

Reid C, Watmough S A. 2014. Evaluating the effects of liming and wood-ash treatment on forest ecosystems through systematic meta-analysis[J]. Canadian Journal of Forest Research, 44(8): 867-885.

Richardson D J, Watmough N J. 1999. Inorganic nitrogen metabolism in bacteria[J]. Current Opinion in Chemical Biology, 3(2): 207-219.

Røsberg I, Frank J, Stuanes A O. 2006. Effects of liming and fertilization on tree growth and nutrient cycling in a Scots pine ecosystem in Norway[J]. Forest Ecology and Management, 237(1-3): 191-207.

Rütting T, Clough T J, Müller C, et al. 2010. Ten years of elevated atmospheric carbon dioxide alters soil nitrogen transformations in a sheep-grazed pasture[J]. Global Change Biology, 16(9): 2530-2542.

Rütting T, Huygens D, Boeckx P, et al. 2013. Increased fungal dominance in N_2O emission hotspots along a natural pH gradient in organic forest soil[J]. Biology and Fertility of Soils, 49(6): 715-721.

Samad M S, Bakken L R, Nadeem S, et al. 2016. High-resolution denitrification kinetics in pasture soils link N_2O emissions to pH, and denitrification to C mineralization[J]. PLoS ONE, 11(3): e0151713.

Sanz-Cobena A, Lassaletta L, Aguilera E, et al. 2017. Strategies for greenhouse gas emissions mitigation in Mediterranean agriculture: a review[J]. Agriculture, Ecosystems and Environment, 238: 5-24.

Sass R L, Fisher F M, Turner F T, et al. 1991. Methane emission from rice fields as influenced by solar radiation, temperature, and straw incorporation[J]. Global Biogeochemical Cycles, 5(4): 335-350.

Schaufler G, Kitzler B, Schindlbacher A, et al. 2010. Greenhouse gas emissions from European soils under different land use: effects of soil moisture and temperature[J]. European Journal of Soil Science, 61(5): 683-696.

Schindlbacher A. 2004. Effects of soil moisture and temperature on NO, NO_2, and N_2O emissions from European forest soils[J]. Journal of Geophysical Research, 109(D17): 1-12.

Schwärzel K, Feger K H, Häntzschel J, et al. 2009. A novel approach in model-based mapping of soil water conditions at forest sites[J]. Forest Ecology and Management, 258(10): 2163-2174.

Shaaban M, Wu Y, Khalid M S, et al. 2018. Reduction in soil N_2O emissions by pH manipulation and enhanced *nosZ* gene transcription under different water regimes[J]. Environmental Pollution, 235: 625-631.

Shcherbak I, Millar N, Robertson G P. 2014. Global meta-analysis of the nonlinear response of soil nitrous oxide (N_2O) emissions to fertilizer nitrogen[J]. Proceedings of the National Academy of Sciences, 111(25): 9199-9204.

Shen T, Stieglmeier M, Dai J, et al. 2013. Responses of the terrestrial ammonia-oxidizing archaeon Ca. *Nitrososphaera viennensis* and the ammonia-oxidizing bacterium *Nitrosospira multiformis* to nitrification inhibitors[J]. FEMS Microbiology Letters, 344(2): 121-129.

Shi F, Chen H, Chen H, et al. 2012. The combined effects of warming and drying suppress CO_2 and N_2O emission rates in an alpine meadow of the eastern Tibetan Plateau[J]. Ecological Research, 27(4): 725-733.

Shi R Y, Hong Z N, Li J Y, et al. 2017. Mechanisms for increasing the pH buffering capacity of an acidic Ultisol by crop residue derived biochars[J]. Journal of Agricultural and Food Chemistry, 65(37): 8111-8119.

Shi X Z, Hu H W, He J Z, et al. 2016. Effects of 3,4-dimethylpyrazole phosphate (DMPP) on nitrification and the abundance and community composition of soil ammonia oxidizers in three land uses[J]. Biology and Fertility of Soils, 52(7): 927-939.

Shoun H, Fushinobu S, Jiang L, et al. 2012. Fungal denitrification and nitric oxide reductase cytochrome P450nor[J]. Philosophical Transactions of the Royal Society B: Biological Sciences, 367(1593): 1186-1194.

Shoun H, Kim D H, Uchiyama H, et al. 1992. Denitrification by fungi[J]. FEMS Microbiology Letters, 94(3): 277-281.

Simek M, Cooper J E. 2002. The influence of soil pH on denitrification: progress towards the understanding of this interaction over the last 50 years[J]. European Journal of Soil Science, 53(3): 345-354.

Simon P L, Dieckow J, De Klein C A M, et al. 2018. Nitrous oxide emission factors from cattle urine and dung, and dicyandiamide (DCD) as a mitigation strategy in subtropical pastures[J]. Agriculture, Ecosystems and Environment, 267: 74-82.

Six J, Ogle S M, Jay B F, et al. 2004. The potential to mitigate global warming with no-tillage management is only realized when practised in the long term[J]. Global Change Biology, 10(2): 155-160.

Smith A N. 1962. The effect of fertilizers, sulphur and mulch on east African tea soils[J]. East African Agricultural and Forestry Journal, 27(3): 158-163.

Smith J L, Collins H P, Bailey V L. 2010. The effect of young biochar on soil respiration[J]. Soil Biology and Biochemistry, 42(12): 2345-2347.

Smith K A, Clayton H, Arab J R M, et al. 1994. Micrometeorological and chamber methods for measurement of nitrous oxide fluxes between soils and the atmosphere: Overview and conclusions[J]. Journal of Geophysical Research, 99(D8): 16541.

Sombroek W G. 1966. Amazon soils: A reconnaissance of the soils of the Brazilian Amazon region[R]. Wageningen: Centre for Agricultural Publications and Documentation, 1-292.

Song X Z, Pan G X, Zhang C, et al. 2016. Effects of biochar application on fluxes of three biogenic greenhouse gases: a meta-analysis[J]. Ecosystem Health and Sustainability, 2(2): 1-13.

Stange C F, Spott O, Arriaga H, et al. 2013. Use of the inverse abundance approach to identify the sources of NO and N_2O release from Spanish forest soils under oxic and hypoxic conditions[J]. Soil Biology and Biochemistry, 57: 451-458.

Stark J M. 1996. Modeling the temperature response of nitrification[J]. Biogeochemistry, 35(3): 433-445.

Stewart W D. 1967. Nitrogen-fixing plants: the role of biological agents as providers of combined nitrogen is discussed[J]. Science, 158(3807): 1426-1432.

Su J F, Zhang K, Huang T L, et al. 2015. Heterotrophic nitrification and aerobic denitrification at low nutrient conditions by a newly isolated bacterium, *Acinetobacter* sp. SYF26[J]. Microbiology, 161(4): 829-837.

Subbarao G V, Nakahara K, Hurtado M P, et al. 2009. Evidence for biological nitrification inhibition in Brachiaria pastures[J]. Proceedings of the National Academy of Sciences, 106(41): 17302-17307.

Subbarao G V, Nakahara K, Ishikawa T, et al. 2008. Free fatty acids from the pasture grass *Brachiaria humidicola* and one of their methyl esters as inhibitors of nitrification[J]. Plant and Soil, 313(1/2): 89-99.

Subbarao G V, Sahrawat K L, Nakahara K, et al. 2012. Biological nitrification inhibition-A Novel strategy to regulate nitrification in agricultural systems[J]. Advances in Agronomy, 114(1): 249-302.

Sun H J, Lu H Y, Chu L, et al. 2017. Biochar applied with appropriate rates can reduce N leaching, keep N retention and not increase NH_3 volatilization in a coastal saline soil[J]. Science of the Total Environment, 575: 820-825.

Sun J, He F, Zhang Z, et al. 2016a. Temperature and moisture responses to carbon mineralization in the biochar-amended saline soil[J]. Science of the Total Environment, 569-570: 390-394.

Sun J, Yang R, Li W, et al. 2018. Effect of biochar amendment on water infiltration in a coastal saline soil[J]. Journal of Soils and Sediments, 18(11): 3271-3279.

Sun L, Lu Y, Yu F, et al. 2016b. Biological nitrification inhibition by rice root exudates and its relationship with nitrogen-use efficiency[J]. New Phytologist, 212(3): 646-656.

Syakila A, Kroeze C. 2011. The global nitrous oxide budget revisited[J]. Greenhouse Gas Measurement and Management, 1 (1) : 17-26.

Sylvester-Bradley R, Mosquera D, Méndez J E. 1988. Inhibition of nitrate accumulation in tropical grassland soils: effect of nitrogen fertilization and soil disturbance[J]. Journal of Soil Science, 39(3) : 407-416.

Tan G, Wang H, Xu N, et al. 2018. Biochar amendment with fertilizers increases peanut N uptake, alleviates soil N_2O emissions without affecting NH_3 volatilization in field experiments[J]. Environmental Science and Pollution Research, 25 (5) : 1-10.

Tao R, Li J, Guan Y, et al. 2018. Effects of urease and nitrification inhibitors on the soil mineral nitrogen dynamics and nitrous oxide (N_2O) emissions on calcareous soil[J]. Environmental Science and Pollution Research, 25 (9) : 1-10.

Thapa R, Chatterjee A, Awale R, et al. 2016. Effect of enhanced efficiency fertilizers on nitrous oxide emissions and crop yields: a Meta-analysis[J]. Soil Science Society of America Journal, 80 (5) : 1121-1134.

Tian D, Niu S. 2015. A global analysis of soil acidification caused by nitrogen addition[J]. Environmental Research Letters, 10 (2) : 19-24.

Tian D, Zhang Y Y, Zhou Y Z, et al. 2017. Effect of nitrification inhibitors on mitigating N_2O and NO emissions from an agricultural field under drip fertigation in the North China Plain[J]. Science of the Total Environment, 598: 87-96.

Tokuda S, Hayatsu M. 2001. Nitrous oxide emission potential of 21 acidic tea field soils in Japan[J]. Soil Science and Plant Nutrition, 47 (3) : 637-642.

Toyoda S, Yoshida N. 1999. Determination of nitrogen isotopomers of nitrous oxide on a modified isotope ratio mass spectrometer[J]. Analytical Chemistry, 71 (20) : 4711-4718.

Treusch A H, Leininger S, Kletzin A, et al. 2005. Novel genes for nitrite reductase and Amo-related proteins indicate a role of uncultivated mesophilic crenarchaeota in nitrogen cycling[J]. Environmental Microbiology, 7 (12) : 1985-1995.

Tu J, Chen J, Zhou J, et al. 2019. Plantation quality assessment of *Camellia oleifera* in mid-subtropical China[J]. Soil and Tillage Research, 186: 249-258.

Tumendelger A, Byambadorj T, Bors C, et al. 2016. Investigation of dissolved N_2O production processes during wastewater treatment system in Ulaanbaatar[J]. Mongolian Journal of Chemistry, 17 (43) : 23-27.

Udom B E, Nuga B O, Adesodun J K. 2016. Water-stable aggregates and aggregate-associated organic carbon and nitrogen after three annual applications of poultry manure and spent mushroom wastes[J]. Applied Soil Ecology, 101: 5-10.

Ulrich B. 1991. An ecosystem approach to soil acidification[M]//Ulrich B and Sumner Me. (eds.) Soil Acidity. Berlin Heidelberg: Springer-verlag, 28-79.

Uraguchi D, Ueki Y, Ooi T. 2009. Chiral organic ion pair catalysts assembled through a hydrogen-bonding network[J]. Science, 326(5949): 120-123.

Uselman S M, Qualls R G, Thomas R B. 1999. A test of a potential short cut in the nitrogen cycle: the role of exudation of symbiotically fixed nitrogen from the roots of a N-fixing tree and the effects of increased atmospheric CO_2 and temperature[J]. Plant and Soil, 210(1): 21-32.

van Breemen N, Driscoll C T, Mulder J. 1984. Acidic deposition and internal proton sources in acidification of soils and waters[J]. Nature, 307: 599-604.

van der Weerden T J, Luo J, Di H J, et al. 2016. Nitrous oxide emissions from urea fertiliser and effluent with and without inhibitors applied to pasture[J]. Agriculture, Ecosystems and Environment, 219: 58-70.

van Kessel M A H J, Speth D R, Albertsen M, et al. 2015. Complete nitrification by a single microorganism[J]. Nature, 528(7583): 555-559.

van Rensburgl, Krueger G H J, Krueger H. 1994. Assessing the drought-resistance adaptive advantage of some anatomical and physiological features in *Nicotiana tabacum*[J]. Canadian Journal of Botany, 72(10) : 1445-1454.

van Zwieten L, Rose T, Herridge D, et al. 2015. Enhanced biological N_2 fixation and yield of faba bean (*Vicia faba* L.) in an acid soil following biochar addition: dissection of causal mechanisms[J]. Plant and Soil, 395(1-2): 7-20.

Vega F A, Covelo E F, Andrade M L. 2006. Competitive sorption and desorption of heavy metals in mine soils: Influence of mine soil characteristics[J]. Journal of Colloid and Interface Science, 298(2): 582-592.

Venter J C, Remington K, Heidelberg J F, et al. 2004. Environmental genome shotgun sequencing of the Sargasso Sea[J]. Science, 304(5667): 66-74.

Verstraeten G, Vancampenhout K, Desie E, et al. 2018. Tree species effects are amplified by clay content in acidic soils[J]. Soil Biology and Biochemistry, 121: 43-49.

Vitousek P M, Porder S, Houlton B Z, et al. 2010. Terrestrial phosphorus limitation: mechanisms, implications, and nitrogen-phosphorus interactions[J]. Ecological Applications, 20: 5-15.

Volpi I, Laville P, Bonari E, et al. 2017. Improving the management of mineral fertilizers for nitrous oxide mitigation: the effect of nitrogen fertilizer type, urease and nitrification inhibitors in two different textured soils[J]. Geoderma, 307: 181-188.

von Uexküll H R, Mutert E. 1995. Global extent, development and economic impact of acid soils[J]. Plant and Soil, 171(1): 1-15.

Vondráčková S, Hejcman M, Száková J, et al. 2014. Soil chemical properties affect the concentration of elements (N, P, K, Ca, Mg, As, Cd, Cr, Cu, Fe, Mn, Ni, Pb, and Zn) and their distribution between organs of *Rumex obtusifolius*[J]. Plant and Soil, 379(1-2): 231-245.

Walker N, Wickramasinghe K N. 1979. Nitrification and autotrophic nitrifying bacteria in acid tea soils[J]. Soil Biology and Biochemistry, 11(3): 231-236.

Wang J Y, Pan X J, Liu Y L, et al. 2012. Effects of biochar amendment in two soils on greenhouse gas emissions and crop production[J]. Plant and Soil, 360(1-2): 287-298.

Wang Q, Hu H W, Shen J P, et al. 2017b. Effects of the nitrification inhibitor dicyandiamide (DCD) on N_2O emissions and the abundance of nitrifiers and denitrifiers in two contrasting agricultural soils[J]. Journal of Soils and Sediments, 17(6): 1635-1643.

Wang X, Tang C, Baldock J A, et al. 2016. Long-term effect of lime application on the chemical composition of soil organic carbon in acid soils varying in texture and liming history[J]. Biology and Fertility of Soils, 52(3): 295-306.

Wang Y, Guo J, Vogt R D, et al. 2017a. Soil pH as the chief modifier for regional nitrous oxide emissions: new evidence and implications for global estimates and mitigation[J]. Global Change Biology, 24(2): e617-e626.

Weiler D A, Giacomini S J, Recous S, et al. 2018. Trade-off between C and N recycling and N_2O emissions of soils with summer cover crops in subtropical agrosystems[J]. Plant and Soil, 433(1-2): 213-225.

Weslien P, Kasimir K, Börjesson G, et al. 2009. Strong pH influence on N_2O and CH_4 fluxes from forested organic soils[J]. European Journal of Soil Science, 603: 311-320.

WMO. 2018. WMO greenhouse gas bulletin: the state of greenhouse gases in the atmosphere based on global observations through[R]. Geneva: Atmospheric Environment Research Division, 14: 1-8.

Woolf D, Amonette J E, Street-Perrott F A, et al. 2010. Sustainable biochar to mitigate global climate change[J]. Nature Communications, 1(5): 1-9.

Wrage N, Groenigen J W V, Oenema O, et al. 2005. A novel dual-isotope labelling method for distinguishing between soil sources of N_2O[J]. Rapid Communications in Mass Spectrometry, 19(22): 3298-3306.

Wrage N, Velthof G L, van Beusichem M L, et al. 2001. Role of nitrifier denitrification in the production of nitrous oxide[J]. Soil Biology and Biochemistry, 33(12-13): 1723-1732.

Wu D, Cárdenas L M, Calvet S, et al. 2017c. The effect of nitrification inhibitor on N_2O, NO and N_2 emissions under different soil moisture levels in a permanent grassland soil[J]. Soil Biology and Biochemistry, 113: 153-160.

Wu D, Senbayram M, Well R, et al. 2017b. Nitrification inhibitors mitigate N_2O emissions more effectively under straw-induced conditions favoring denitrification[J]. Soil Biology and Biochemistry, 104: 197-207.

Wu D, Zhao Z, Han X, et al. 2018b. Potential dual effect of nitrification inhibitor 3,4-dimethylpyrazole phosphate on nitrifier denitrification in the mitigation of peak N_2O emission events in North China Plain cropping systems[J]. Soil Biology and Biochemistry, 121: 147-153.

Wu S, Zhuang G, Bai Z, et al. 2018a. Mitigation of nitrous oxide emissions from acidic soils by *Bacillus amyloliquefaciens*, a plant growth-promoting bacterium[J]. Global Change Biology, 24(6): 2352-2365.

Wu X, Liu H, Fu B, et al. 2017a. Effects of land-use change and fertilization on N_2O and NO fluxes, the abundance of nitrifying and denitrifying microbial communities in a hilly red soil region of southern China[J]. Applied Soil Ecology, 120: 111-120.

Xiao H, Schaefer D A, Yang X. 2017. pH drives ammonia oxidizing bacteria rather than archaea thereby stimulate nitrification under *Ageratina adenophora* colonization[J]. Soil Biology and Biochemistry, 114: 12-19.

Xu X, Kan Y, Zhao L, et al. 2016. Chemical transformation of CO_2 during its capture by waste biomass derived biochars[J]. Environmental Pollution, 213: 533-540.

Yamamoto A, Akiyama H, Naokawa T, et al. 2014. Lime-nitrogen application affects nitrification, denitrification, and N_2O emission in an acidic tea soil[J]. Biology and Fertility of Soils, 50(1): 53-62.

Yan X, Shi S, Xing G. 2000. N_2O emission from paddy soil as affected by water regime[J]. Acta Pedologica Sinica, 37(4): 482-489.

Yang M, Fang Y T, Sun D, et al. 2016. Efficiency of two nitrification inhibitors (dicyandiamide and 3, 4-dimethypyrazole phosphate) on soil nitrogen transformations and plant productivity: a meta-analysis[J]. Scientific Reports, 6(1): 22075.

Yang Y, Ji C, Ma W, et al. 2012. Significant soil acidification cross northern China's grasslands during 1980s-2000s[J]. Global Change Biology, 187: 2292-2300.

Yao Z, Wei Y, Liu C, et al. 2015. Organically fertilized tea plantation stimulates N_2O emissions and lowers NO fluxes in subtropical China[J]. Biogeosciences, 12(20): 5915-5928.

Yu M, Meng J, Yu L, et al. 2019. Changes in nitrogen related functional genes along soil pH, C and nutrient gradients in the charosphere[J]. Science of the Total Environment, 650: 626-632.

Yuan J H, Xu R K. 2011. The amelioration effects of low temperature biochar generated from nine crop residues on an acidic Ultisol[J]. Soil Use and Management, 27(1): 110-115.

Yuan J, Tan X F, Yuan D Y, et al. 2013. Effect of phosphates on the growth, photosynthesis, and P content of oil tea in acidic red soils[J]. Journal of Sustainable Forestry, 32(6): 594-604.

Yue K, Yang W, Peng Y, et al. 2016. Dynamics of multiple metallic elements during foliar litter decomposition in an alpine forest river[J]. Annals of Forest Science, 73(2): 547-557.

Zakir H A, Subbarao G V, Pearse S J, et al. 2008. Detection, isolation and characterization of a root-exuded compound, methyl 3-(4-hydroxyphenyl) propionate, responsible for biological nitrification inhibition by sorghum (*Sorghum bicolor*) [J]. New Phytologist, 180(2): 442-451.

Zeng Q L, Chen R F, Zhao X Q, et al. 2011. Aluminium uptake and accumulation in the hyperaccumulator *Camellia oleifera* Abel[J]. Pedosphere, 21(3): 358-364.

Zhang A F, Bian R G, Pan G X, et al. 2012d. Effects of biochar amendment on soil quality, crop yield and greenhouse gas emission in a Chinese rice paddy: a field study of 2 consecutive rice growing cycles[J]. Field Crops Research, 127: 153-160.

Zhang A F, Liu Y M, Pan G X, et al. 2012c. Effect of biochar amendment on maize yield and greenhouse gas emissions from a soil organic carbon poor calcareous loamy soil from Central China Plain[J]. Plant and Soil, 351(1-2): 263-275.

Zhang J, Cai Z, Zhu T. 2011. N_2O production pathways in the subtropical acid forest soils in China[J]. Environmental Research, 111(5): 643-649.

Zhang J, Müller C, Cai Z. 2015. Heterotrophic nitrification of organic N and its contribution to nitrous oxide emissions in soils[J]. Soil Biology and Biochemistry, 84: 199-209.

Zhang J, Peng C, Zhu Q, et al. 2016a. Temperature sensitivity of soil carbon dioxide and nitrous oxide emissions in mountain forest and meadow ecosystems in China[J]. Atmospheric Environment, 142: 340-350.

Zhang J, Zhuang M, Shan N, et al. 2019. Substituting organic manure for compound fertilizer increases yield and decreases NH_3 and N_2O emissions in an intensive vegetable production system[J]. Science of the Total Environment, 670: 1184-1189.

Zhang K, Chen L, Li Y, et al. 2017. The effects of combinations of biochar, lime, and organic fertilizer on nitrification and nitrifiers[J]. Biology and Fertility of Soils, 53(1): 77-87.

Zhang L, Hu H, Shen J, et al. 2012a. Ammonia-oxidizing archaea have more important role than ammonia-oxidizing bacteria in ammonia oxidation of strongly acidic soils[J]. The ISME Journal, 6(5): 1032-1045.

Zhang L, Wang S L, Liu S W, et al. 2018. Perennial forb invasions alter greenhouse gas balance between ecosystem and atmosphere in an annual grassland in China[J]. Science of The Total Environment, 642: 781-788.

Zhang Q, Liu Y, Ai G, et al. 2012b. The characteristics of a novel heterotrophic nitrification–aerobic denitrification bacterium, *Bacillus methylotrophicus* strain L7[J]. Bioresource Technology, 108: 35-44.

Zhang Y, Lin F, Jin Y, et al. 2016b. Response of nitric and nitrous oxide fluxes to N fertilizer application in greenhouse vegetable cropping systems in southeast China[J]. Scientific Reports, 6(1): 20700.

Zhang Z S, Chen J, Liu T Q, et al. 2016c. Effects of nitrogen fertilizer sources and tillage practices on greenhouse gas emissions in paddy fields of central China[J]. Atmospheric Environment, 144: 274-281.

Zhao X Q, Aizawa T, Schneider J, et al. 2013. Complete mitochondrial genome of the aluminum-tolerant fungus *Rhodotorula taiwanensis* RS1 and comparative analysis of *Basidiomycota mitochondrial* genomes[J]. Microbiologyopen, 2(2): 308-317.

Zhao X Q, Chen R F, Shen R F. 2014. Coadaptation of plants to multiple stresses in acidic soils[J]. Soil Science, 179(10-11): 503-513.

Zhao Y, Huang L, Chen Y. 2017. Biochars derived from giant reed (*Arundo donax* L.) with different treatment: characterization and ammonium adsorption potential[J]. Environmental Science and Pollution Research, 24(33): 25889-25898.

Zhao Y, Zhao L, Mei Y, et al. 2018. Release of nutrients and heavy metals from biochar-amended soil under environmentally relevant conditions[J]. Environmental Science and Pollution Research, 25(3): 2517-2527.

Zheng M, Zhang T, Liu L, et al. 2016. Effects of nitrogen and phosphorus additions on nitrous oxide emission in a nitrogen-rich and two nitrogen-limited tropical forests[J]. Biogeosciences, 13(11): 3503-3517.

Zheng S, Bian H, Quan Q, et al. 2018. Effect of nitrogen and acid deposition on soil respiration in a temperate forest in China[J]. Geoderma, 329: 82-90.

Zhou L, Zhou X, Zhang B, et al. 2014. Different responses of soil respiration and its components to nitrogen addition among biomes: a meta-analysis[J]. Global Change Biology, 20(7): 2332-2343.

Zhou M, Zhu B, Wang S, et al. 2017. Stimulation of N_2O emission by manure application to agricultural soils may largely offset carbon benefits: a global meta-analysis[J]. Global Change Biology, 23(10): 4068-4083.

Zhou W, Ji H, Zhu J, et al. 2016. The effects of nitrogen fertilization on N_2O emissions from a rubber plantation[J]. Scientific Reports, 6(1): 28230.

Zhu G, Ren J, Wang Z, et al. 2016a. Design of shelling machine for *Camellia oleifera* fruit and operating parameter optimization[J]. Transactions of the Chinese Society of Agricultural Engineering, 32(7): 19-27.

Zhu K, Bruun S, Jensen L S. 2016c. Nitrogen transformations in and N_2O emissions from soil amended with manure solids and nitrification inhibitor[J]. European Journal of Soil Science, 67(6): 792-803.

Zhu L X, Xiao Q, Cheng H Y, et al. 2017b. Seasonal dynamics of soil microbial activity after biochar addition in a dryland maize field in North-Western China[J]. Ecological Engineering, 104: 141-149.

Zhu Q C, Vries W D, Liu X J, et al. 2017a. Enhanced acidification in Chinese croplands as derived from element budgets in the period 1980–2010[J]. Science of the Total Environment, 618: 1497-1505.

Zhu Q, Vries W D, Liu X, et al. 2016b. The contribution of atmospheric deposition and forest harvesting to forest soil acidification in China since 1980[J]. Atmospheric Environment, 146: 215-222.

Zhu T, Zhang J, Huang P, et al. 2015. N_2O emissions from banana plantations in tropical China as affected by the application rates of urea and a urease/nitrification inhibitor[J]. Biology and Fertility of Soils, 51(6): 673-683.

Zhu X, Burger M, Doane T A, et al. 2013. Ammonia oxidation pathways and nitrifier denitrification are significant sources of N_2O and NO under low oxygen availability[J]. Proceedings of the National Academy of Sciences, 110(16): 6328-6333.

Zimmerman A R. 2010. Abiotic and microbial oxidation of laboratory-produced black carbon (biochar)[J]. Environmental Science and Technology, 44(4): 1295-1301.

Zimmerman A R, Gao B, Ahn M. 2011. Positive and negative carbon mineralization priming effects among a variety of biochar-amended soils[J]. Soil Biology and Biochemistry, 43(6): 1169-1179.

Zumft W G. 1997. Cell biology and molecular basis of denitrification[J]. Microbiology and Molecular Biology Reviews, 61(4): 533-616.

编 后 记

《博士后文库》（以下简称《文库》）是汇集自然科学领域博士后研究人员优秀学术成果的系列丛书。《文库》致力于打造专属于博士后学术创新的旗舰品牌，营造博士后百花齐放的学术氛围，提升博士后优秀成果的学术和社会影响力。

《文库》出版资助工作开展以来，得到了全国博士后管委会办公室、中国博士后科学基金会、中国科学院、科学出版社等有关单位领导的大力支持，众多热心博士后事业的专家学者给予积极的建议，工作人员做了大量艰苦细致的工作。在此，我们一并表示感谢！

《博士后文库》编委会